河北农业大学农林经济管理学科论著

河北省社会科学基金项目
河北省高等学校青年拔尖人才计划项目

河北省农业综合开发
高标准农田建设项目绩效评价研究

Research on performance evaluation of
high standard farmland construction projects in Hebei

于磊 张桠楠 尉京红 著

中国财经出版传媒集团

经济科学出版社
Economic Science Press

图书在版编目（CIP）数据

河北省农业综合开发高标准农田建设项目绩效评价研究/于磊，张桠楠，尉京红著 . —北京：经济科学出版社，2018.12

（河北农业大学农林经济管理学科论著）

ISBN 978 - 7 - 5141 - 9915 - 4

Ⅰ.①河…　Ⅱ.①于…②张…③尉…　Ⅲ.①农田基本建设 - 基本建设项目 - 经济绩效 - 评价 - 河北　Ⅳ.①S28

中国版本图书馆 CIP 数据核字（2018）第 248358 号

责任编辑：崔新艳
责任校对：王苗苗
责任印制：王世伟

河北省农业综合开发高标准农田建设项目绩效评价研究

于　磊　张桠楠　尉京红　著

经济科学出版社出版、发行　新华书店经销

社址：北京市海淀区阜成路甲 28 号　邮编：100142

经管中心电话：010 - 88191335　发行部电话：010 - 88191522

网址：www. esp. com. cn

电子邮件：espcxy@ 126. com

天猫网店：经济科学出版社旗舰店

网址：http：//jjkxcbs. tmall. com

北京季蜂印刷有限公司印装

880×1230　32 开　5.625 印张　150000 字

2018 年 12 月第 1 版　2018 年 12 月第 1 次印刷

ISBN 978 - 7 - 5141 - 9915 - 4　定价：30.00 元

总　序

　　河北农业大学农林经济管理学科萌芽于 1956 年，当时在农学系设立农业经济教研组。1979 年成立农业经济系筹建组，1980 年正式成立"农业经济系"并招收本科生；"林业经济管理系"于 1986 年成立并开始招收本科生。1986 年，农业经济管理专业建设成为河北省首批经济管理类硕士授权点，1995 年建设成为河北省省级重点学科，2000 年取得了农业经济管理专业的博士学位授予权，同年建成土地资源管理硕士学位授权点；2003 年建成林业经济管理和会计学两个专业硕士学位授权点；2005 年建成农林经济管理专业一级学科博士和硕士学位授权点。

　　伴随着我国研究生教育和农林经济管理的发展，河北农业大学农林经济管理学科经过几十年的不懈努力，已经形成了从专科生、本科生到硕士研究生、博士研究生的较完整的培养体系。现已形成的稳定的研究方向为：农业经济理论与政策、农业经营与企业管理、农村财政与金融、农村经济信息管理、农村经济统计与数量经济、会计与资产评估、土地经济与管理、林业工程与管理、林业资源与可持续发展等。师资队伍中已经呈现一批优秀的"三农"专家、教授、学者，为河北省乃至全国做了大量社会服务工作，期间形成了大量的研究成果。我们以博士生导师为主成立编委会，从中推选出部分研究成果以"河北农业大学农林经济管理学科论著"形式编辑出版，以期为我国农林经济管理研究生教育和学科发展做出一定贡献，同时介绍本学科的最新研究成果，为农林经济管理理论研究和"三农"建设科学决策服务，并以该套论著出版增强各高校、科研单位及相关部门之间的交流与合作。

　　农林经济管理事业及学科在快速发展，其中许多理论问题需要进一步深入研究，敬请专家学者对该系列论著的出版给予关注、关心和匡正。

河北农业大学商学院教授、院长

王建忠

前　　言

　　农业综合开发高标准农田建设项目是国家农业财政支出的重要组成部分，对保护和支持农业发展、改善农业生产基本条件、优化农业和农村经济结构、提高农业综合生产能力及综合效益发挥着重要作用。河北省是农业大省，农业综合开发高标准农田建设项目对河北省农业基础设施建设发挥了重要作用，是实现"藏粮于地"战略目标的重要措施。然而，"十二五"期间，河北省农业综合开发高标准农田建设存在着资金投入不足、来源渠道单一、剩余建设任务较大等问题，在"十三五"期间，优化财政资金使用方向、充分发挥财政资金作用、提高财政资金使用效率、提高项目建设效果，成为河北省农业综合开发高标准农田建设①（以下简称"高标准农田建设项目"）的核心和重点。

　　本书以高标准农田项目绩效评价理论体系的构建、评价方法的创新和适用性分析，以及河北省高标准农田项目绩效评价的实践探索与实证分析为主要研究内容。具体包括以下五个方面。

　　（1）在分析"十二五"期间河北省高标准农田建设项目投资现状和建设成果的基础上，借鉴公共物品、公共财政和项目管理等基本理论，构建了高标准农田建设项目绩效评价理论体系。

　　（2）结合高标准农田建设项目特点，分析现有高标准农田建设项目绩效评价方法的适用性和优缺点。

---

　　① "十二五"期间高标准农田建设项目由国土、发改、农业综合开发等多个部门共同实施，本书研究范围为农业综合开发高标准农田建设项目。

（3）利用 2014～2016 年度河北省高标准农田建设项目数据，从一般绩效评价理论角度出发，构建指标评价体系，从项目管理、资金管理、项目产出和项目效果等方面进行绩效分析与评价，并对样本项目县进行横向与纵向的比较、分析。分析结果显示，2014～2016 年度河北省高标准农田建设项目总体绩效评分在 90 分以上，建设效果良好，但也存在着农田林网完好率低、部分样本项目县亩均节水量指标未达标等问题。

（4）根据高标准农田建设项目所担负的经济作用、社会作用、生态作用，从多投入多产出的角度，采用 DEA 和 SFA 分析方法，对 2014～2016 年度项目数据进行实证分析。

（5）根据指标分析法和 DEA 分析法所得出的结论，提出"十三五"期间提高河北省高标准农田建设项目资金使用效率的对策。

本书的创新点主要体现在两个方面：（1）首次利用指标体系全面分析梳理了河北省高标准农田建设项目的管理、产出、效果等；（2）根据高标准农田建设项目所承担的农民增收、粮食安全、改善生态等多种功能，首次从多投入多产出的视角，运用三阶段 DEA 模型对河北省高标准农田建设项目进行分析。

作者

2018 年 10 月

目　　录

1　引言 ……………………………………………………… 1

　　1.1　问题的提出 ……………………………………… 1

　　1.2　国内外研究现状 ………………………………… 4

　　1.3　研究思路 ………………………………………… 12

　　1.4　研究方法 ………………………………………… 12

2　高标准农田建设项目绩效评价理论基础 ………… 14

　　2.1　高标准农田建设项目相关概念 ………………… 14

　　2.2　财政支农项目绩效评价理论 …………………… 20

　　2.3　财政支农项目绩效评价方法 …………………… 23

3　河北省农业综合开发高标准农田项目建设现状及问题
………………………………………………………… 29

　　3.1　样本选取与数据来源 …………………………… 29

　　3.2　河北省高标准农田项目建设现状 ……………… 30

　　3.3　河北省高标准农田建设资金总体投入情况 …… 39

　　3.4　河北省高标准农田建设中存在的问题 ………… 48

4 河北省高标准农田建设项目绩效评价设计与实施 ··· **58**

   4.1 河北省高标准农田建设项目绩效评价开展情况
··· **58**

   4.2 河北省高标准农田建设项目绩效评价体系的建设
··· **59**

   4.3 河北省农业综合开发高标准农田建设项目实施
       经验 ··· **70**

**5 基于指标体系的河北省高标准农田建设项目资金绩效
   分析** ·· **73**

   5.1 数据来源和数据范围 ····························· **73**

   5.2 项目整体绩效分析 ································ **78**

   5.3 项目资金情况分析 ································ **86**

   5.4 项目实施情况分析 ································ **93**

   5.5 项目产出情况分析 ································ **96**

   5.6 项目效果分析 ···································· **101**

   5.7 存在的问题 ······································ **110**

6 基于 DEA 模型的河北省高标准农田建设项目绩效分析
··· **112**

   6.1 样本选择与数据来源 ····························· **112**

   6.2 指标体系建立及数据说明 ······················· **113**

   6.3 实证结果分析 ···································· **115**

   6.4 结论 ··· **123**

7　提高河北省高标准农田建设项目绩效的对策与建议

　　…………………………………………………………… **125**

附录 1　河北省 2016 年度农业综合开发高标准农田

　　　　建设项目绩效评价报告 ……………………… **129**

附录 2　绩效评价调查问卷……………………………… **157**

参考文献 ……………………………………………… **160**

后记 …………………………………………………… **166**

1 引 言

1.1 问题的提出

🌱 1.1.1 研究背景

《国民经济和社会发展十二五规划纲要》要求"加强以农田水利设施为基础的田间工程建设，改造中低产田，大规模建设旱涝保收高标准农田"。高标准农田是指灌排设施配套、土地平整肥沃、田间道路通畅、农田林网健全、生产方式先进、产出效益较高的农业生产田块。从 2008 年开始，国家就针对粮食安全事项，提出要大力扶持农业综合开发，在粮食主产区建设高标准农田，力争打造全国粮食核心产区。2009 年 5 月在江西省南昌市召开的全国农业综合开发工作会议上，国务院首次提出了"两个聚焦"：一是在资金的投入上要向高标准农田建设聚焦；二是农业综合开发的项目要向粮食主产区聚焦。2010 年底召开的中央农村工作会议明确指出，必须抓紧制定与实施全国高标准农田建设的总体规划。2012 年的中央一号文件强调了要制定关于全国高标准农田建设的总体规划和相关专项规划。2014 年中央农村工作会议又一次强调坚持"以我为主、立足国内、确保产能、适度进口、科技支撑"的国家粮食安全战略，而高标准农田建设是重要的实现途径，是切实完善最严格的耕地保护制度、加快转变经济发展方式的重大举措。2018 年中央一号文件再次提出实施乡村振兴战略要"大规模推进土地整治和高标准农田建设，稳步提升耕地质量"。

河北省作为全国重要的粮食主产区，对保障我国粮食安全具有重要的战略意义。然而，受到自然条件和投入不足的限制，河北省农业生产条件较为薄弱，农业综合生产能力较低。在此背景下，大力推进高标准农田建设对于河北省现代农业发展具有非常重要的意义。

为进一步提高河北省粮食综合生产能力、改善农业生产条件，河北省政府将推进高标准农田和农田水利基础设施建设、发展节水农业、促进农业增产增效作为农业发展规划中的一项重要任务，提出了要重点建设 4000 万亩粮食生产核心区和 86 个粮食生产大县。2016 年河北省发布了《河北省农业可持续发展规划（2016～2030年）》，提出以"生态、节水、循环、增收"为发展主线，加快农业结构调整，强化农田节水措施，发展生态循环农业，进一步转变农业发展方式。同时，制定了到 2020 年的建设目标：全省建设高标准农田 4678 万亩，提高耕地基础地力和产出能力；农业灌溉用水总量控制在 130 亿立方米内，有效灌溉面积达到 6806 万亩。

"十二五"期间，河北省共实施高标准农田建设项目 778 个，总治理面积 625.7 万亩；总投资 809926.4 万元。其中，中央财政投资 516350.5 万元，省级财政投资 173462.6 万元，市级财政投资 14905.13 万元，县级财政投资 20556 万元，自筹资金 84652.15 万元。通过建设高标准农田，累计新增折合粮食产量约 623 万千克，为河北省粮食产量连续稳步增长、保障国家粮食安全做出了重要贡献；新增农田林网防护面积 600 余万亩，项目区形成了田成方、林成网、路相通的田园化格局，在一定程度上改善了农田小气候；通过实施节水灌溉，年均节水量达 3.25 亿立方米，对河北省粮食主产区尤其是地下水超采区的农业可持续发展起到了至关重要的作用。农业综合生产能力的提高促进了项目区的土地流转，项目区土地流转率由 20% 左右提高到 40% 以上，种植大户、合作社等新型农业经营主体快速发展，带动了农业种植结构的转型与优化。

虽然河北省高标准农田项目实施取得了突出成果，但是由于种种客观原因，高标准农田项目财政资金支出进度慢、支出均衡性差、结余多等问题一直困扰着各级财政部门和农业开发部门，成为项目资金管理的一个难点。因此，测算河北省农业综合开发高标准农田项目资金使用效率，对于以后提升资金使用效率以促进政策目标的实现尤为重要。

1.1.2 研究意义

目前国内对于有关"三农"问题的研究主要集中于财政支农资金的使用效率、农业综合开发项目的绩效评价、土地治理项目的绩效评价等，对于高标准农田项目资金使用效率的研究较为匮乏。

本研究将有助于丰富农业综合开发高标准农田项目资金支出效率的多视角研究，为其他省份以及全国的高标准农田项目的相关研究奠定理论基础。

实施农业综合开发是进一步解放和发展农村生产力、加快建设现代农业的有效手段，也是农业增产、农民增收、建设社会主义新农村的一条重要途径。本研究的现实意义主要体现在三方面。

（1）有利于指导政府对高标准农田项目的投资行为和投资方向，使有限的资金得到合理有效的利用，达到效益最大化，提高资源配置效率。此外，对培养和增强效益观念，杜绝农用资金的非法挪用、滥用等现象以及提高公共财政的使用效率具有一定作用。

（2）对河北省高标准农田实际政策的调整及资金支出比例具有科学的参考价值。

（3）对加快河北省农业和农村经济结构调整、推动农业的产业化经营、提高农业生产的综合效益、增加农民收入具有现实意义；对解决我国的粮食问题、促进农业的可持续发展以及全面建设社会主义新农村具有重要意义。

1.1.3 研究目的

本研究通过定性与定量分析相结合的方法，深入河北省高标准农田项目实施地区，进行实地调查研究，摸清河北省高标准农田项目资金的使用现状；利用第一手数据有效测算河北省高标准农田项目资金使用效率；深刻剖析河北省高标准农田项目资金使用中存在的问题，并提出相应的对策建议。

1.2　国内外研究现状

高标准农田项目资金使用效率的相关研究属于农业专项资金项目研究，该研究对象在一定程度上具有中国特色，国外缺乏对高标准农田项目的研究。目前，国内外的相关研究主要集中在财政支农、基于不同角度的财政支农资金效率评价、农业综合开发资金管理、农业综合开发资金绩效分析等方面。

1.2.1　国外研究现状

1. 关于财政支农的相关研究

农业是关系民生的重要行业，也是一项弱质产业。农业需要国家的政策和财政支持才能建成适应社会主义市场经济体制要求的现代化大农业，才能保持其在国民经济中的重要地位。国外很早就对财政支农进行研究，较深入地探讨了农业在国民经济中的地位。18世纪法国重农学派创始人弗朗斯瓦·魁奈提出了重农思想，他在《租地农场主论》中说："没有人不知道，财富是发展农业的原动力，要进行良好的耕作，必须要有很多的财富。"并提出，靠牺牲农业来发展工商业的重商主义政策严重损害了农业的发展，农业的衰败又阻碍了工商业的发展。他把投在农业上的资本看作唯一的生产资本，这在一定程度上肯定了农业的重要性，揭示了财政支农的必要性。

"现代经济学之父"亚当·斯密（Adam Smith）在《国民财富的性质和原因的研究》中提出："按照事物的自然趋势，进步社会的资本，首先是大部分投在农业上，其次投在工业上，最后投在国外贸易上。"即对农业投入的资本越大，土地和劳动的年产物所增加的价值越大。美国经济学家西奥多·舒尔茨（Theodore W. Schultz）在《改造传统农业》中指出，传统农业向现代农业转变需要投入新的生产要素，要向农民投资。20 世纪 60 年代，舒尔茨将人力资本理论与农业经济增长和农村发展结合起来，提出了以科学技术、人力资本为核心的农业教育经济思想，并通过比较日本和印度农村的发展状况，说明财政支农对农村发展的推动作用。英国经济学家简·阿·莫利特在分析了世界上 88 个国家的农业与经济发展的关系后，得出了莫利特公式：人均收入每增加 1%，农产品总值中再投入农业的比例应增长 0.25%，农业才能稳定发展。例如美国、加拿大、英国、澳大利亚等，政府财政支农资金相当于农业本身 GDP 的 25% 以上；日本、以色列等国家财政支农资金甚至相当于农业 GDP 的 45% ~ 90%；印度的国家财政支农资金相当于农业 GDP 的 10%。

2. 关于财政支农资金效率的相关研究

农业公共投资是公共财政支出的主要项目，国际上也有很多分析财政支农效率的文章。阿亚沃尔（Ayanwale）对地方政府公共投资在农业和农村发展中的效率进行了研究，发现农业的投资回报率高达 52.7%，说明农业公共投资对提高地方财政积累贡献很大。卡图罗（Shioda Katuro, 2005）不仅研究了在日本技术合作支持下的农业公共投资问题，还运用"成本—收益法"评价了写字楼项目，结果显示该项目总收益大于总成本，土地生产效益占项目收益的绝大部分。

国外对财政支农效率的研究思路和方法为国内对财政支农政策和农业综合开发项目的实施提供了许多借鉴。

1.2.2 国内研究现状

1. 我国财政支农效率研究

2004 年以来，中央财政加大了农业支出的力度，研究热点从财政支出效率分析转向财政支农效率研究。国内的相关研究主要集中在财政支农效率政策策略和绩效实证研究上。

（1）财政支农效率研究的政策策略分析。贾晓松等（2004）分析了 WTO 规则对农业财政支出的影响，并提出新时期河北省的农业财政支出政策应将农业财政支出划分为农业公共性支出、农业调控性支出和农业保护性支出三部分，针对不同的部分采用不同的决策方式和支付政策，以提高财政支农资金的使用效率。刘勇等（2009）分析了我国 25 个省市的地方财政支农效率，由于各地区财政支农效率存在显著差异，进一步通过聚类分析将我国各地区分成四类农业竞争力地区，提出了三种农业发展战略：优先发展型、效率提高型、改善推动型。李树培和魏下海（2009）基于对我国财政支农的政策演变与投入特征的分析，对我国 1978 ~ 2006 年财政支出总额与四项分类支出进行效率研究，结果显示：我国的财政支农政策与财政支农投入缺乏体制和制度性的有效保障；财政支农支出整体效率较低且支出结构不合理。杨小静（2010）运用定量和定性分析的方法研究了河北省财政支农支出的规模效应、结构效应和农业补贴政策的效应，并据此提出了提升河北省财政农业支出政策效应的对策。

（2）基于农业经济、农民增收角度研究财政支农的效率。黄小舟和王红玲（2005）通过对我国 1980 ~ 2002 年财政支农资金总量和财政支农资金结构分别与农民收入的回归分析，发现财政支农资金总量对农民纯收入增加有显著影响，但在财政支农资金中，支援农业生产的资金和农村救济费有利于农民收入的增加，农村基本建设支出对农民收入增加产生负作用。钟文明（2008）运用 Granger 因果检验法对财政支农支出增长与农业产出增长之间的关系进行界定，结果显示，财政支农支出和农业经济增长之间存在正相关关系，原因是财政支农支出增长推动农业经济增长，而农业经济增长并未明显推动财政支农支出的增长。林亚括（2009）对我国 1995 ~ 2007 年财政支农支出与农民收入进行回归分析，同时利用各省财政支农支出数据应用面板数据模型研究不同省份财政支农支出对提高农民收入的影响，结果显示，从总量上看，我国财政支农资金总量仍然不足，支出资金结构不太合理，地区财政支农支出预算安排不平衡，且西部地区财政支农支出对农民收入的影响最显著，但是其财政支农支出规模却很低。

2. 关于高标准农田内涵及现状的研究

郝哲（2014）对高标准农田进行了相关定义，并指出高标准农田建设属于土地整治的一种，是以建设高标准农田为目标，根据相关的土地整治规划、方法对农田进行土地平整和田间的水利设施、道路、防护林建设，达到田成方、林成网、渠相通、路相连、旱能灌、涝能排的要求，使农田生产条件得到明显改善。

邵曼琳（2011）对农业综合开发土地治理项目的评估标准进行了研究，并根据这些标准对兴化市2010年高标准农田建设示范项目进行了分析，结果显示，项目规划合理、可行，项目的三类效益都比较显著，并通过对高标准农田项目进行评估分析后提出了几点建议。

还有学者在划定高标准农田建设区上有所研究。沈明（2012）采用德尔菲法选取了耕地等别、粮食生产能力、农业生产禀赋等作为高标准基本农田的评价指标，运用因素成对比较法建立了权重，并相应建立了区域评价指标体系，以县级为单位，确定各县综合评价得分，且把分数较高的前40个县纳入广东省高标准农田建设区。冯锐（2012）等学者从自然资源条件、基础设施条件、社会与经济可接受性三方面选取12个指标，运用相应的方法及指标对四川省高标准农田做出了时序安排，运用限制因素组合法，对高标准基本农田建设区划分方式及建设方式进行了研究。

李少帅（2012）总结了10年来高标准农田建设取得的进展后，提出了当前机制体制方面的问题（高标准农田资金投入机制比较分散，涉农资金投入与耕地资源禀赋不匹配，地块破碎度大，权属状况复杂等），并提出进一步完善机制、加大国家对涉农资金的统筹力度、加强对土地流转的监管力度，以及集中投入建设高标准农田建设体系等建议。杨磊（2013）通过对宁夏高标准农田项目进行调研，得到了建设高标准农田的启示：高标准农田是促进农业转型的先行条件；高标准农田建设要做好基层工作，确保群众有效参与；高标准农田建设要以条件较差的中低产田为着手点，着力改善或消除限制农业发展的因素；要加强对高标准农田的科学管护，从制度层面落实建后管护补助资金；高标准农田建设要能统筹土地整治、农业增产增收和土地流转问题。赵巧（2009）指出，扬州市高标准农田建设中存在资金投入不足，劳力外出打工居多、缺少投工投劳，项目资金投入不足等问题，并相应提出建议，如加大财政资金投入力度，提高投资标准，强化基础设施建设，提高工程建设标准，加大高标准农田建设力度，加强增产增收示范项目的带动作用。

陈璇（2011）通过对2009年内蒙古高标准农田工程实施状况的了解，提出高标准农田建设的核心是对项目进行科学规划，科技推广是项目实施的关键，强调在项目建设中要强化管理以及在建设中应积极探索新的经营形式等；发现在项目建设中存在少数农民认识不到位、财政资金亩投入标准低、项目管护运行机制不健全等问题；并提出加强宣传力度、提高投资标准、加强建后管护、综合整合资源等政策建议。王丹（2012）在借鉴水利项目建设后评价研究成果的基础上，从过程后评价、影响后评价、经济后评价和可持续性后评价这四个方面进行分析，为如何开展高标准农田项目后评价提供了概念结构上的借鉴。

3. 农业综合开发投资绩效分析

农业综合开发是我国发展农业和农村的一项重要措施，农业综合开发项目主要有两大类：土地治理项目和产业化经营项目。国内对农业开发的研究主要是对农业开发投资机制、投资政策等方面的定性分析，对其资金支出效率的研究较少。

黄非（2011）对江苏省农业综合开发投资绩效进行了评价，

并研究了江苏省农业综合开发投资绩效的区域差异性；另外，估计了农业综合开发投资政策对农业产出的贡献。樊继红等（2013）对我国各省份农业综合开发支出的效率进行评价和排序，结果显示，前 15 名的省份基本上都是我国粮食主产区的省份，且不同地区支出效率存在差异。冯梅（2016）在分析了我国和湖北省农业综合开发的基本情况和投资机制后，基于柯布—道格拉斯生产函数理论和计量经济学方法研究湖北省农业综合开发投资对农业总产值、农民收入和农业产业化经营的贡献作用，从而研究农业综合开发投资的绩效，并提出了相关的政策建议。

4. 土地治理项目资金支出绩效分析

侯英华（2007）对吉林省农业综合开发土地治理项目的财务效益、国民经济效益、生态效益和社会效益评估做了深入细致的探究，并探讨了农业综合开发土地治理项目的财务效益、国民经济效益评估的指标、方法和参数，最后提出了农业综合开发土地治理项目的综合评估模型。林江鹏和樊小璞（2009）运用数据包络分析方法对我国 13 个粮食主产区的农业综合开发土地治理项目财政支出效率进行研究，并引入交叉排序评价方法对各地区的土地治理项目支出效率进行综合评价，结果表明：我国粮食主产区的土地治理项目支出效率逐年提高，但是资金的投入和使用还存在问题。邓基科等（2010）结合山东省威海市农业综合开发土地治理项目支出的实际情况，设计出一套包括业务指标和财务指标的评价指标体系，并提出农业综合开发土地治理项目支出绩效评价存在的主要问题及优化对策。

5. 资金效率评价指标及方法的研究

在资金使用效率的实证评价中，最重要的是评价指标体系的建立与评价方法的选取。20 世纪 90 年代后，国内外学者开始关注效率评价方法的研究。结合实际数据、运用构建的数学计量模型进行实证分析渐渐成为学者们研究的主要思路和具体方法。

目前对效率的评价应用较多的是参数方法和非参数方法两

大类。

非参数方法主要是数据包络分析法（DEA），由于不需要以参数形式确定前沿生产函数，避免了模型的误设，并且在多投入多产出绩效评价方面具备优势，DEA 方法在效率评价方面应用非常广泛，涉及农业、物流、银行、财务等多个领域。

拉比诺维奇（Rabinovic，2006）利用 DEA 模型对物流的服务广度、服务绩效对生产效率的影响进行了研究，分析了美国部分物流企业的效率。国内学者中，崔元锋、严立冬（2006）通过 DEA 模型进行测算，数值显示，从 1995 年起的十年间我国财政支农资金效率持续下滑，整体效率并不高，提出资金结构偏差是导致效率不高的主要原因。马明、郭庆海（2009）用 DEA 模型对吉林省财政支农资金效率进行实证分析，将吉林省财政支农资金（按财政职能划分为四大类支出）作为投入指标，从国家财政支农政策的目标出发，选择粮食总产量、农民人均纯收入和农业生产总值作为产出指标，结果表明，主要问题是财政投入力度不足。李燕凌（2008）较早研究区域性财政支农资金的使用效率，以湖南省 2005 年 14 个市（州）的截面数据作为模型变量，通过建立 DEA – Tobit 二阶段模型分析了湖南省财政支农资金效率水平，并进一步研究其影响因素。在此基础上，李燕凌、欧阳万福（2011）进一步利用 2004～2006 年的混合数据，对湖南省县乡政府财政支农效率进行影响因素 Tobit 回归分析。

参数方法主要是随机前沿生产函数（SFA）。卢昆等（2016）采用随机前沿生产函数分析了我国远洋渔业生产技术效率及其变化特征。戚湧等（2015）基于 SFA 方法对全国和江苏科技资源市场配置效率进行评价与实证研究。

现在的一个发展趋势是综合运用 DEA 及其他数据分析方法来进行效率问题的研究。李承坤（Seong Kon Lee，2011）运用模糊层次分析法（AHP）和数据包络分析方法（DEA）对韩国氢能源相对效率进行了评估。何军、胡亮（2010）用非参数 DEA –

Malmquist 指数法对全国 31 个省市 2000～2007 年财政支农资金效率进行评价，在投入指标上选择了农业、林业、部门事业费三项，农业生产总值作为产出指标。结果表明，虽然我国财政支农总量逐年增加，但效率并没有得到应有的改善。厉伟、姜玲、华坚（2014）运用 DEA 与 SFA 结合的三阶段 DEA 方法，以农林水事业支出为投入变量，建立了包含经济、社会、生态效应的评价体系，对我国 26 个省（区）2007～2011 年财政支农效率进行分析。同样运用三阶段 DEA 方法对资金效率进行研究的还有方鸿（2011），他基于全国 30 多个省份的数据，深入分析了我国地区间财政支农资金效率的情况。

1.2.3 国内外研究现状评述

通过梳理国外财政支农情况以及国内农业综合开发高标准农田项目的研究，可以发现目前高标准农田项目的研究还存在以下不足。

（1）对农业综合开发项目的定性评价相对较多，定量评价较少。对农业综合开发项目优选的指标体系及政策指导的定性分析较多，而运用统计学或计量经济学方法对项目实施效果进行量化研究的较少，因而不便于量化地指导农业综合开发项目的实践。

（2）研究样本涉及范围较窄，无法全面地分析高标准农田项目资金使用效率及其影响因素。农业综合开发项目已实施 20 多年，历时较长，涉及范围较广，不同的地区有不同的实施内容和任务，如研究能涵盖更多方面，将对农业综合开发项目有更为清晰、全面和整体的认识。

本研究试图克服以上不足，系统地分析河北省农业综合开发高标准农田项目资金支出和主要效益情况，对项目资金支出及其绩效的理论基础——公共产品属性以及财政农业支出与经济增长理论对资金运动的规律进行系统研究，并运用指标分析法和 DEA 模型评价资金支出效率，为河北省高标准农田资金支出的相关政策提供科学依据。

1.3 研究思路

本书研究思路具体如下：（1）在分析"十二五"期间河北省高标准农田建设项目投资现状和建设成果的基础上，借鉴公共物品、公共财政和项目管理等基本理论，构建高标准农田建设项目绩效评价理论体系；（2）结合高标准农田建设项目特点，分析现有高标准农田建设项目绩效评价方法的适用性和优缺点；（3）利用2014～2016年度河北省高标准农田建设项目数据，从一般绩效评价理论角度出发，构建指标评价体系，从项目管理、资金管理、项目产出和项目效果等方面进行绩效分析与评价；并对样本项目县进行了横向和纵向的比较与分析，根据高标准农田建设项目所担负的经济作用、社会作用、生态作用，从多投入多产出的角度，采用DEA 和 SFA 分析方法，对 2014～2016 年度项目数据进行了实证分析；（4）根据指标分析法和 DEA 分析法所得出的结论，提出"十三五"期间提高河北省高标准农田建设项目资金使用效率的对策。

1.4 研究方法

1. 文献综述法

通过查阅与本研究有关的文献资料，对相关理论进行研究梳理，加深理解和掌握，在对国内外学者有关资金使用效率研究的基础上，分析河北省高标准农田项目资金支出机制及其使用效率。

2. 问卷调查法

通过参与河北省高标准农田建设项目评估课题，深入河北省项目区进行调研，根据项目资金使用相关问题，针对项目负责人及受益群众设计并发放问卷，旨在摸清河北省高标准农田项目建设总体情况，并进一步分析和研究，作为下一步理论分析的补充。

3. 描述性统计法

本研究采用描述性统计的分析方法，对实地调研收集的第一手数据资料进行归纳整理。以调研数据为基础对目前河北省高标准农田项目基本建设情况、项目资金来源、资金支出结构以及资金使用可能存在的问题进行分析，旨在摸清资金使用现状，为资金使用效率的实证分析奠定基础。

4. 指标体系法

采用指标体系法，共设项目决策、项目管理、项目产出、项目效果四类 28 项绩效评价指标，对河北省农业综合开发高标准农田建设项目进行绩效评价，分析项目实施后整体效果以及项目实施过程中存在的问题。

5. DEA 分析法

通过建立多投入多产出的指标体系，基于 2014～2016 年度河北省高标准农田项目的调研数据，运用 DEA 模型对河北省高标准农田项目资金使用效率进行测算。

2 高标准农田建设项目绩效评价理论基础

2.1 高标准农田建设项目相关概念

🌱 2.1.1 高标准农田

国土资源部制定的高标准基本农田规范《高标准基本农田建设标准》（TD/T1033－2012）明确指出，高标准基本农田即一定时期内，通过土地整治建设形成的集中连片、设施配套、高产稳产、生态良好、抗灾能力强，与现代农业生产和经营方式相适应的基本农田。

中华人民共和国国家质量监督检验检疫总局、中国国家标准化管理委员会发布的《高标准农田建设通则》（GB/T 30600－2014）中对高标准农田的定义为：土地平整、集中连片、设施完善、农田配套、土壤肥沃、生态良好、抗灾能力强，与现代农业生产和经营方式相适应的旱涝保收、高产稳产，划定为基本农田实行永久保护的耕地。

高标准农田是在高产稳产农田和基本农田的概念上发展而来的。我国国家农业综合开发办公室、中华人民共和国国土资源部和中华人民共和国农业部分别对"高标准农田"进行了定义。根据以上三个部门发布的有关高标准农田标准的规定可以看出，我国对高标准农田的定义首先强调了通过对农村土地的整治，形成集中连片的规模，完善各种配套设施，来克服自然灾害，弥补土地自身抵御自然灾害能力的不足，最终达到高产稳产的目的；其次，建成高标准农田的另一个重要目标是将农田从人力、物力、资源方面与现代农业生产方式和经营方式相匹配，大大加强农田对现代农业的支撑能力。最重要的是，无论高标准农田怎么建设，都不能脱离基本农田的属性，按照国家土地总体规划确定的规模、位置、用途等都不得随意更改，因为这是国家在规划基本农田时，根据在一定时期内的人口和社会经济发展状况确定的。因此，高标准农田是以促进现代农业发展为指导理念，以改善农业基础设施建设为主要内容，以水利工程建设、农田道路建设、农田防护林网建设、农田平整土地建设为具体建设项目，结合在项目区进行农业科技推广（主要是购买良种补贴、对农民进行技术指导培训和引进技术成果等），对农村土地进行综合建设，提高农田抵御自然灾害的能力，增强土地对发展现代农业的支撑能力的一项系统工程。

2.1.2 高标准农田建设项目

1. 高标准农田建设基本原则

（1）规划引导原则。应符合土地利用总体规划、土地整治规划、《全国新增 1000 亿斤粮食生产能力规划（2009～2020 年）》《国家农业综合开发高标准农田建设规划》等，统筹安排高标准农田建设。

（2）因地制宜、具体问题具体分析原则。不同区域的自然资源、社会经济发展水平以及土地利用情况不同，要根据特色选取适合本地区的建设方式，在农田、水利等工程措施的建设上也要兼顾各地的特色。

（3）质量、数量、生态并重原则。要坚持三项并重的原则，既要促进耕地的节约集约利用，又要提升耕地的质量，还要改善项目区的生态环境，做到三个目标相统一。

（4）维护权益原则。应充分尊重项目区农民的意愿，维护土地权利人的合法权益并切实保障农民的知情权、参与权和收益权。

（5）可持续利用原则。项目区建成后要落实管护责任，健全管护机制，实现长期高效利用。

2. 高标准农田建设内容

（1）农田水利工程。针对项目区农业生产的主要障碍因素进行投资建设，按照全面配套、综合治理的要求，建设配套的农田水利基础设施，积极发展节水灌溉工程，根据不同项目区的不同特点，大力推广管道输水、渠道防渗、微灌、喷灌等节水技术，提高水资源的利用效率。

（2）农业措施。通过采取多种措施，如秸秆还田、科学施肥、合理耕作等，加快土壤的改良。同时，完善良种仓库、晒场等相应配套设施的建设。

（3）田间道路工程。配套完善农田道路体系，为实现农业机械化创造条件，有利于农机耕作和农产品运输。

（4）林业措施。按照四个目标，即"布局合理、乔灌结合、功能齐全、质量提高"的目标，在项目区宜林地种植树木，实现农田防护林的网格化。

（5）科技措施。充分发挥科技进步对粮食增产的作用，鼓励农技推广服务机构和农业科研单位到项目区，把优良品种和先进技术应用到农业的生产过程中。

2.1.3 高标准农田建设标准

高标准农田建设应达到"田地平整肥沃、水利设施配套、田间道路畅通、林网建设适宜、科技先进适用、优质高产高效"的总体目标。通过建设，解除制约农业生产的关键障碍因素，抵御自然灾害能力显著增强，农业特别是粮食综合生产能力稳步提高，达到旱涝保收、高产稳产的目标；农田基础设施达到较高水平，田地平整肥沃、水利设施配套、田间道路畅通；因地制宜推行节水灌溉和其他节本增效技术，农田林网适宜，区域农业生态环境改善，可持续发展能力明显增强；推广优良品种和先进适用技术、农业科技贡献率明显提高，主要农产品市场竞争力显著增强；建设区达到优质高产高效的目标，取得较高的经济、社会和生态效益。同时，坚持节约土地、合理使用的原则开展农田基础设施建设，建成后农田基础设施占地率符合有关规范标准。

1. 水利措施标准

水利措施包含灌溉工程和排水工程，达到防治农田旱、涝、渍和盐碱等灾害的目的。

灌溉系统完善，用水有保证，灌溉水质符合《农田灌溉水质标准》（GB5084），灌溉制度合理，灌水方法先进；灌溉保证率达到75%以上；灌溉水利用系数应不低于《节水灌溉工程节水规范》（GB/T50363）的规定，灌溉水利用系数见表2－1。

表2－1　　　　　　　　　灌溉水利用系数

灌区类型	大型灌区	中型灌区	小型灌区	井灌区	喷灌、微灌区	滴灌区
灌溉水利用系数	≥0.5	≥0.6	≥0.7	≥0.8	≥0.85	≥0.9

排水标准应满足农田积水不超过作物最大耐淹水深和耐淹时间，应由设计暴雨重现期、设计暴雨历时和排除时间确定。旱作区农田排水设计暴雨重现期宜采用5～10年一遇，1～3天暴雨从作物受淹起1～3天排至田间无积水；水稻区农田排水设计暴雨重现期宜采用10年一遇，1～3天暴雨3～5天排至作物耐淹水深。灌、排等工程设施适用年限不低于15年。改良盐碱土应在返盐季节前将地下水位控制在临界深度以下，排水标准应符合《灌溉与排水工程设计规范》（GB 50288－99）的规定。泵站建设应按照《机井技术规范》（GB 50625－2010）的规定执行。田间灌、排工程及附属建筑物配套完好率大于95%。

2. 农田措施标准

农田措施包括农田工程、土壤改良、良种繁育与推广、农业机械化。耕作田块应实现田面平整，根据土壤条件和灌溉方式合理确定田块横、纵向坡度。

农田土体厚度应达到 50 厘米以上，水浇地和旱地耕作层厚度应在 25cm 以上，水田耕作层厚度应在 20 厘米左右。土体中无明显粘盘层、沙砾层等障碍因素。地面坡度为 5°～25° 的坡耕地，应改造成水平梯田；土层较薄时，宜先修筑成坡式梯田，再经逐年向下方翻土耕作，减缓田面坡度，逐步建成水平梯田。丘陵区梯田化率应不低于 90%。

过沙或过黏的土壤应通过掺黏或掺沙等措施，改良土壤质地，使其符合耕种要求。酸化土壤应通过施用生石灰或土壤调理剂等措施，使土壤 pH 值达到该区域正常水平；盐碱土壤应通过工程和土壤调理剂等措施，使耕作层土壤满足农业种植要求。污染土壤应通过工程、生物、化学等方法进行修复，修复后土壤应符合《国家环境土壤质量标准》（GB 15618–2009）的规定。

具有较好的良种繁育能力，具备优良品种的覆盖率达到 100% 水平的基础性条件。

平原地区主要作业环节具备基本实现机械化、丘陵山区农业机械化水平在原有基础上有较大提高的基础性条件。

3. 田间道路标准

田间道路布置应适应农业现代化的需要，与田、水、林、电、村规划相衔接，统筹兼顾，合理确定田间道路的密度。田间道路（机耕路）的路面宽度宜为 3～6 米，生产路的路面宽度不宜超过 3 米。在大型机械化作业区，路面宽度可适当放宽。平原区田间道路直接通达的耕作田块数占耕作田块总数的比例应达到 100%，丘陵区应不低于 90%。田间道路设施适用年限不少于 15 年，完好率大于 95%。坚持就地取材的原则，尽量利用老路改扩建，避免大填大挖，降低建设成本，减少施工矛盾。

4. 林业措施标准

因地制宜地加强农田防护林网建设，达到当地林业部门规定的标准。通过各类农田防护与生态环境保持工程建设防护的农田面积占建设区面积的比例，一般应不低于 90%。

5. 科技措施标准

在项目建设期间，推广 2 项以上先进适用技术，重点是良种、良法等先进适用生产技术；加强对项目区受益农户进行先进适用技术培训 2 次以上；适当扶持县乡农技服务体系，重点支持具有推广服务功能的农民专业合作经济组织。

2.1.4 资金使用效率

国内外学术界十分重视对企业资金使用效率的研究，不同学者对于资金使用效率的定义理解不同，因而造成了研究的侧重点也存在差异。

在经济学观点中，效率的定义为：在既定技术条件下，经济资源没有出现浪费或者对经济资源做了能带来最大可能性满足程度的利用。因此，资金的使用效率可以理解为：在既定的技术和投入条件下，企业使用投入的资金，以最快的周转效率获得最大的经济利益。资金使用效率可以从资金周转速度和资金效益水平两方面得到反映。

首先，从资金周转速度角度看，在生产经营过程中，资金以"资金—资产—资金"这一流程不断地进行循环周转。资金在经营过程中主要是以资产的形式进行运转，因此，在一定时期内企业占用的资产平均余额越少，其完成周转次数越多，那么资金的周转速度也越快，这意味着企业能以较小的资金完成较多的生产经营任务。

其次，对于资金使用效率，除了要考虑资金周转速度外，还要考虑资金的使用质量，用通俗的语言来讲就是"使用最少的钱获得最高的收益"。欧阳谦（1999）在《资金效率》一书中指出，企业资金的投放渠道有很多，包括短期和长期，也包括货币市场和资本市场，所产生的投资收益也有所不同。而所谓的资金使用效率就是指企业资金收入和支出的发生最大限度地为企业创造价值。樊少责（2006）则认为，资金使用效率需要衡量及考察是否充分发挥了使用资金应有的作用，不但要考察产出情况，更要比较投入和产出的比例；要全面考虑资金的使用成本和使用后取得的收益情况，同时也要评价资金的使用情况。

2.2   财政支农项目绩效评价理论

❧ 2.2.1   新经济增长理论

新经济增长理论源于新古典增长理论的两大缺陷：经济增长差距长期存在和技术进步外生。新经济增长理论研究的核心是技术进步的内生化，因此也被称为"内生增长理论"，其中强调"人力资本"的模型以罗伯特·卢卡斯（Robert Lucas，1988）发表的论文《论经济发展的机制》为代表，而注重"技术进步内生化"的模型则以保罗·罗默（Paul M. Romer，1986，1990）的论文《内生增长的起源》《递增报酬和长期经济增长》为代表。

新经济增长理论基本模型有三个。首先是罗默的知识外溢模型，罗默认为，由于个别厂商发明的新知识是如何"对其他厂商的生产可能区间产生一个正的外部效应，因为知识技能是不能完全专利化加以保护或永远不为人知的"（Romer，1986）。该模型的中心思想是虽然经济中每一个厂商处于规模报酬不变的技术状态，但是一个厂商的投资行为所创造的新知识又可以产生出乎意料的外溢效应。因此，这些由个体投资行为带来的"外部性"使整个经济社会作为一个整体的知识水平得以提高。

第二个模型是由罗默（Romer，1990）和豪伊特（Howitt，1992）发展的R&D模型。他们构建了一个专门用于进行研究的部门，从而使知识的积累成为要素之外的一项独立活动，基于这项中间活动，R&D部门的产出也称为中间产品。此外，赫尔普曼（Helpman）从中间产品的种类增加和质量提高两个角度区分了中间部门对经济增长的促进作用。

第三个模型是由罗伯特·卢卡斯（Robert Lucas，1988）建立的人力资本模型。卢卡斯认为，与物质资本相比，人力资本对经济增长的贡献更大，因为教育投资的人力资本积累将产生外部性，进而使规模报酬递增。

新经济增长理论强调了技术进步对经济增长的巨大促进作用，而且也给出了合理的解释；此外，对经济增长的收敛性也给出了不同解释。新经济增长理论认为，由于国家与国家之间存在技术进步差异，因此不同国家经济增长呈发散状态是完全有可能的，新经济增长理论很好地解释了发达国家发展中国家经济增长的差异性。

2.2.2 公共产品与公共财政理论

公共产品理论细致地区分出公共产品与私人产品，并且按照公共产品的不同特征，进一步划分出几种类型。按照萨缪尔森在《公共支出的纯理论》中的定义，纯粹的公共产品或劳务是这样的产品或劳务，即每个人消费这种物品或劳务不会导致别人对该种产品或劳务的减少；而且公共产品或劳务具有与私人产品或劳务显著不同的三个特征：效用的不可分割性、消费的非竞争性和受益的非排他性。凡是可以由个别消费者所占有和享用，具有敌对性、排他性和可分性的产品就是私人产品。

在农业领域，存在着诸如农业公路等基础设施、农业生态环境保护、农业科研等公共产品或准公共产品。这些公共产品或准公共产品都不能排除其他行业享有消费带来的效益，同时也基本上不会因为增加了消费使得提供成本增加，具有供给的不可分割性和消费的非排他性、非竞争性。农业的这些特征决定了其支持方式一定是主要采用政府提供的形式，以此扩大公共产品、准公共产品的供给量，提高社会资源配置效益，为市场运行创造条件，弥补市场失灵，实现农业生产效率的整体优化。

公共财政主要是以满足社会公共需要为前提，由政府组织和运营的一种收支活动或财政运行机制模式。公共财政从某种意义上来说是与市场经济特点和发展要求相适应的一种财政模式，它本身主要包含以下两方面的要求：其一，它是具有"公共"性质的国家财政或者说是政府财政，而财政的"公共性"的具体体现就是为市场提供"公共服务"的；其二，它是财政的一种类型或模式。

财政理论基本框架以市场经济为立足点，把市场失灵作为财政存在的前提，把提供（广义上）公共产品作为财政活动的对象，把满足社会的公共需要作为财政活动的目的，把公共财政作为财政运行的模式（或类型），而把公共选择作为财政决策的政治过程。资源配置、收入分配和经济稳定为公共财政的三大职能。

❧ 2.2.3　公共财政农业支出与经济增长理论

近30年，国外关于政府财政支出与经济增长关系的研究成果非常多，主要围绕政府财政支出总量和支出结构与经济增长的关系开展实证分析，大致可分为三种观点。

1. 政府财政支出与经济增长呈正相关关系

持该观点的学者认为，基础设施、教育与科技等公共产品和准公共产品投资的社会效益大于经济效益，如果单依靠私人投资会导致投资不足、经济增长动力不足，而政府增加这部分投资可以加速经济增长；政府还可以协调社会利益与私人利益的冲突，保证生产性投资增加，优化资源配置。传统的凯恩斯主义从需求管理的角度论证，增加政府支出能够带来国民收入的数倍增加，进而促进国民经济数倍的增长。

2. 政府财政支出与经济增长呈负相关关系

阿尔奇安（Alchian，1972）、弗雷德曼（Friedman，1979）、索厄尔（Sowell，1980）等认为政府产出不是最优的，其生产成本相对高于私人部门产出，即相比私人部门生产而言政府生产是静态效率的。因此随着政府在经济中所占比重的上升，资本、劳动和技术的平均收益会下降，这又可能影响到物质与人力资本积累以及技术进步的速度，进而导致经济增长速度的下降。

3. 政府财政支出与经济增长不相关

格梅尔（Gemmell，1983）利用 27 个发达国家和欠发达国家的数据进行分析，没能检验出政府支出规模与经济增长是何种关系。考曼迪（Kormendi，1985）通过对 47 个国家 1961～1980 年的数据进行分析，认为实际 GDP 增长与政府消费支出占 GDP 比重不显著相关，但是与劳动和投资显著相关。格林沃德（Greenwood，1985）把政府支出结构划分为"提供公共产品与公共服务的支出"和"促进私人部门生产的支出"，他们研究发现前者绝大部分为消费性支出，其对经济增长不具有正效应。

2.2.4 公共绩效理论

绩效既是微观经济主体追求的基本目标，又是经济学研究的永恒主题。财政支农资金绩效评价是隶属于经济效率的一个重要范畴。经济学的绩效概念起源于资源的稀缺性，相对于人们的无限需要，资源的供给总是稀缺的。这就客观地存在着如何将供给有限的稀缺资源进行配置、选择和节约，以尽可能地生产出更多的产品，并满足人们的物质和精神方面的需要之效率问题。

2.3 财政支农项目绩效评价方法

2.3.1 指标体系法

指标体系法通过选取反映区域复合系统特征以及自然系统与人类社会经济系统相互作用的关键指标，建立模拟区域复合系统层次结构的指标体系，根据指标间的相互关联和重要程度，逐层累加得到反映区域承载状况的承载力指数。随着"压力－状态－相应"模型（PSR 模型）及其衍生模型的完善和成熟，指标体系法迅速发展成为绩效评估中最常见的方法。指标体系法可以分为累加求和法与短板效应法两种思路。

1. 累加求和法

累加求和可以分为平面求和以及空间求和两类。

（1）平面求和法。平面求和法是结合权重对各级指标的绝对值或相对值进行分层累加，直接求和得到相关指数的方法，主要包括模糊评价法、层次分析法、主成分分析法等。模糊评价法借助综合评判矩阵对环境承载力展开多因素评价，利用合成运算得出评价对象相对于各评语等级的隶属度，最后利用取大（或取小）运算确定评价对象的最终评语。模糊评价法降低了评估过程中的主观影响，但模型取大取小的运算法则容易遗失大量有效信息，降低评估的准确性。层次分析法将复合系统的指标体系分解为若干层次，通过同层指标间重要程度的对比确定指标权重，逐层求和得到承载力指数。层次分析法同时也是确定权重的重要方法之一，层次分析法考虑了承载力评估的层次性，但本质上无法摆脱定性判断的主观性和随机性。现有研究多结合层次分析法和熵值法等对资源环境承载力进行分析。主成分分析法通过矩阵转换计算，把多指标转化为少数几个能反映原始变量大部分信息的综合指标。主成分分析法保留了大部分的原始数据信息，消除了指标间的相互影响，一定程度上克服了模糊评价法的缺陷，但计算过程烦琐，对样本数量要求较大，且主观性较强，因而可操作性不高。

（2）空间求和法。空间求和法将要素看作空间中的矢量或状态点，然后进行矢量求和并取矢量模得到承载状况指数的方法，主要包括矢量模法和状态空间法。矢量模法将要素看作多维空间中的矢量，各矢量相加后的模即相应状态下的环境承载力指数。状态空间法可以处理非线性过程，计算模型精度高，评估结果准确，但指标理想值难以界定。

2. 短板效应法

短板效应法是分别选取区域复合系统各子系统的关键指标，建立综合评估指标体系，核算各子系统分指数，选取最小的分指数或者经系数修正后作为该区域指数。短板效应法通常结合其他方法才能完成绩效评估，其实质上属于绩效评估中用于筛选区域关键要素的一种思路。短板效应法将区域评估简化为短板单要素评估，大大降低了模型的复杂性，但此类方法难以综合判断区域环境复合系统整体的协调程度，更适用于研究区域内部的横向对比。

🌿 2.3.2 DEA 评价法

1. 传统 DEA 模型

DEA 模型是由查恩斯（Charnes）等学者，在 1978 年提出的。这个方法的基本原理是借助于数学规划模型确定相对而言比较有效的生产前沿面，通过保持 DMU 的输入或者输出不变，来评价每个 DMU 的相对有效性。基本原理就是：运用一定的数学公式将每个 DMU 都投射到 DEA 的生产前沿面上，然后通过比较其相对于所设前沿面的偏离程度，判断效率高低。若在前沿面上则相对有效，偏离程度越大，效率相对越低。它也是目前应用比较多、结果相对较为科学合理的一种测算效率的方法。

这个模型分为在给定产出的情况下使投入最少的以投入为指导方向的模型和在给定投入的情况下使产出最大的以产出为指导方向的模型。从规模报酬角度来看，最早提出的是规模报酬不变（CRS）模型，这种模型主要用于测度综合技术效率，但是这种模型并没有区分纯技术效率和规模效率来对综合效率进行度量。后来查恩斯等学者将 CRS 模型拓展为可变规模报酬的 VRS 模型，该模型克服了 CRS 模型关于规模报酬不变假定的弱点，可用于对决策单元所处的规模报酬的阶段的测量。选取基于规模报酬可变的 VRS 模型，其具体设定如下：

$$\min[\theta_v - \varepsilon(e_1 s - + e_2 s +)]$$

$$\text{s. t. } \sum_{j=1}^{k} \lambda_j x_j + s - = \theta_v x_0$$

$$\sum_{j=1}^{k} \lambda_j y_j - s + = y_0$$

$$\sum_{j=1}^{k} \lambda_j = 1$$

$$\lambda_j \geqslant 0, j = 1, 2, \ldots n$$

$$s + \geqslant 0, s - \geqslant 0 \qquad \qquad 公式（1）$$

如公式（1）所示，其中的 θ_v 表示决策单元的纯技术效率；ε 为非阿基米德无穷小量；x_j 为第 j 个决策单元的投入量，y_j 为第 j 个决策单元的产出量；λ_j 为第 j 个决策单元的权值；$S-$、$S+$ 为松弛量，即达到效率目标所需要的投入或者产出的调整量。

2. SFA 模型

Aigner、Lovell 和 Schmid（1977），Meeusen 和 van den Broeck（1977）等学者最早提出随机前沿函数（SFA）模型，随后，Jondrow、Battese 和 Coelli 等学者对其进行了不断地完善，使得该模型的灵活性和适用性得以提高。SFA 模型将实际生产单元与前沿面的偏离值进行分解，分为随机误差和技术无效率两项，考虑随机误差项对个体效率的影响从而确保了被测效率的有效性及一致性。当前使用较多的 SFA 模型主要是 BC（1992）模型和 BC（1995）模型。其具体公式如下：

$$Y_{it} = \beta X_{it} (v_{it} - u_{it}) \qquad \qquad 公式（2）$$

$$m_{it} = \delta_0 + \sum_{j=1}^{n} \delta_j Z_{it} \qquad \qquad 公式（3）$$

$$TE_{it} = EXP(-U_{it}) = EXP\left(-\sum_{j=1}^{n} \delta_j Z_{it} - \delta_0\right) \qquad 公式（4）$$

$$\gamma = \frac{\sigma^2}{\sigma_v^2 + \sigma_\mu^2}，其中 0 \leqslant \gamma \leqslant 1 \qquad \qquad 公式（5）$$

公式（2）中 Y_{it} 表示生产单元 i 在 t 期的产出，X_{it} 为生产单元 i 在 t 期的生产要素投入（$i = 1, 2, 3\cdots, N$；$t = 1, 2, 3, \cdots, T$；下同，不再赘述）。β 为待估参数，表示各项措施投入的产出弹性；V_{it} 为随机扰动项，服从正态分布；U_{it} 为技术无效率项，服从非负截尾正态分布。

公式（3）中 m_{it} 为生产单元 i 在 t 期的技术非效率程度，Z_{it} 表示影响非效率的因素，δ 为待估参数。

公式（4）中 TE 为生产单元 i 在 t 期的技术效率，如果 $U_{it} = 0$，则 $TE_{it} = 1$，表示生产单元 i 处于技术效率状态；如果 $U_{it} > 0$，则 $0 < TE_{it} < 1$，称处于技术非效率状态。

公式（5）中的 γ 为最大似然法估计的参数，当 γ 趋近于 1 时，说明前沿生产函数的误差项主要来自 U_{it}，对其检验可以选用 SFA 随机前沿模型分析；当 γ 趋近于 0 时，说明实际产出与最大产出的差距都来自不可控因素 V_{it}，对其检验分析应采用 OLS，换句话说就是 SFA 模型在该种情况下并不适用。

3. 三阶段 DEA 分析

Fried 等学者提出了三阶段 DEA 模型。

该模型具体地分为三个阶段。

第一阶段：建立投入产出指标体系，选用 VRS 模型，对各个决策单元的效率值进行测算，同时可以得出各决策单元的投入的松弛变量。

第二阶段：利用随机前沿分析法研究投入松弛变量，并对其进行调整。

由于 DEA 模型本身的特点，其对效率值的测算并无法剔除一些外部因素的影响，会导致结论不够准确。这些外部因素主要包含三个方面：第一，数据统计误差，即统计噪音；第二，内部管理效率水平；第三，环境因素。对于本书研究对象来说，其效率高低除了受资金支持的影响，还会受到当地人力、物力、财力等环境因素和其他外生随机因素（如气候、土壤、自然灾害情况等）的影响。例如，河北省包含平原、山区、丘陵等多种地形，部分地区由于其地理环境优越等因素可能会导致项目产量整体偏高；某些地区（如黑龙港地区）可能由于土壤原因，林业措施相对不明显。

通过构建 SFA 分析模型，分解第一阶段投入的冗余值可以很好地调整 DEA 模型带来的结果的偏差。因此本书在第二阶段运用

SFA 模型对第一阶段计算出的松弛值进行分解。该阶段分析以各个投入的松弛变量为因变量 Y，以外部环境变量作为自变量 X，构建随机前沿回归方程，其中第 n 个回归方程为：

$$s_{ni} = \int^{n}(z_i;\gamma^n) + \nu_{ni} + \mu_{ni} \qquad 公式（6）$$

公式（6）中，s_{ni} 表示第 i 个决策单元第 n 项投入上的松弛变量，z_i 表示影响决策单元技术效率的外部环境因素，假定有 K 个环境变量，则 $z_i = [z_{1i}, z_{2i}\cdots, z_{ki}]$，$\gamma^n$ 表示待估参数。$\nu_{ni} + \mu_{ni}$ 为综合误差项，其中 $\mu_{ni} \geqslant 0$（通常假定其服从半正态分布）表明管理无效率，ν_{ni} 表示统计噪音，通常假定二者相互独立，并且与 K 个环境变量也相互独立。$f^n(z_i;\gamma^n)$ 为确定的可行松弛前沿，而 $f^n(z_i;\gamma^n) + \nu_{ni}$ 则为随机的可行松弛前沿，基于此，可以对原始的 N 项投入进行第二阶段的调整，其调整的公式为：

$$x_{ni}^A = x_{ni} + [\max_i\{z_i\hat{\beta}^n\} - z_i\hat{\beta}] + [\max_i\{\hat{\nu}_{ni}\} - \hat{\nu}_{ni}] \quad 公式（7）$$

其中，第一个中括号是对于决策单元的环境调整，将全部的 DMU 调整到一样的环境；第二个中括号是用来消除统计噪音。调整后，所有的决策单元面临的外部环境均相同。

第三阶段：调整 DEA 模型后对效率值重新测算。

3 河北省农业综合开发高标准农田项目建设现状及问题

　　2011～2015 年（以下简称"十二五"期间），河北省共实施高标准农田建设项目 778 个，总治理面积 625.7 万亩，总投资809926.4 万元。通过建设高标准农田，累计新增折合粮食产量约623 万千克，为河北省粮食产量连续稳步增长，保障国家粮食安全做出了重要贡献；新增农田林网防护面积 600 余万亩，项目区形成了田成方、林成网、路相通的田园化格局，在一定程度上改善了农田小气候；通过实施节水灌溉，年均节水量达 3.25 亿立方米，对河北省粮食主产区尤其是地下水超采区的农业可持续发展发挥了至关重要的作用。农业综合生产能力的提高，促进了项目区的土地流转，项目区土地流转率由 20% 左右提高到 40% 以上，种植大户、合作社等新型农业经营主体快速发展，带动了农业种植结构的转型与优化。

　　河北省高标准农田项目实施尽管取得突出成果，但是受到种种客观原因的影响，高标准农田项目资金使用仍存在着投资不足、过多依赖财政投资等问题，这些问题影响着项目的实施与进一步推进。

3.1　样本选取与数据来源

🌱 3.1.1　数据来源

　　受河北省农业综合开发办公室委托，笔者开展了河北省农业综合开发高标准农田建设规划中期评估工作，搜集了全省 100 余个高标准农田建设项目县的"十二五"建设情况数据，并对 10 个设区市 16 个样本县（按 10% 的比例抽取）进行了现场重点评估工作。本书数据主要来源于两个方面：一方面是各地上报数据；另一方面是实地调研 16 个样本县的一手数据。

表 3 – 1　　　河北省高标准农田建设项目数据样本县情况

样本县所在设区市	样本县名称	数量（个）
石家庄	晋州、栾城	2
保定	安新、博野	2
邢台	柏乡、广宗	2
邯郸	大名、邱县	2
沧州	肃宁、孟村	2
衡水	深州	1
唐山	丰南	1
承德	承德县	1
张家口	宣化、怀来	2
廊坊	永清	1
合计		16

3.1.2　数据内容

此次搜集的数据包括"十二五"期间河北省高标准农田建设项目的投资规模、投资结构、建设区域、建设面积、建设内容等数据。

3.2　河北省高标准农田项目建设现状

3.2.1　"十二五"期间河北省高标准农田项目治理面积

"十二五"期间河北省农业综合开发领域共完成高标准农田治理面积 625.7 万亩，完成了计划治理面积的 75.26%。河北省

2011～2020 年总体规划面积为 1936 万亩，总规划完成率为
32.32%。按照 2011～2020 年规划治理面积目标，2016～2020 年剩
余治理面积为 1310.3 万亩，规划治理面积剩余率为 67.68%。由
表 3-2 可以看出，河北省 2011～2015 年高标准农田建设规划完成
率总体偏低。

河北省共有粮食主产县 86 个，主要分布在黑龙港低平原区
（30 个）、山前平原区（46 个）和山丘区（10 个）。粮食主产县对
于河北省粮食增产、确保粮食安全具有重要的意义。

由表 3-2 可以看出，河北省 "十二五" 期间，粮食主产区规
划完成度为 71.8%，非粮食主产区规划完成度为 84.53%，非粮食
主产区建设进度快于粮食主产区。

表 3-2 河北省高标准农田建设规划粮食主产区
与非主产区实施进度

	2011～2015 规划面积（万亩）	2016～2020 规划面积（万亩）	小计（万亩）	"十二五" 期间实施面积（万亩）	"十二五" 期间完成率（%）	总体规划完成率（%）
粮食主产区	605.06	803.94	1409	434.42	71.8	30.83
非粮食主产区	226.31	300.69	527	191.28	84.53	36.3
合计	831.37	1104.63	1936	625.7	75.26	32.32

3.2.2 河北省各市高标准农田建设完成情况

河北省各设区市 "十二五" 期间规划完成率未能达到 100%，
"十二五" 期间规划平均完成率为 75.92%。承德 "十二五" 期间
规划完成率最高，规划面积 39.545 万亩，实际完成面积 36.845 万
亩，完成率为 93.17%。定州市 "十二五" 期间规划面积 10 万亩，
实际完成面积 4.87 万亩，规划完成率为 48.7%。规划完成率低于
50% 的有 1 个市，为定州市；完成率为 50%～70% 的有两个市，
分别为：保定市规划完成率为 59.55%、石家庄市规划完成率为

65.93%；其他各市规划完成率都在70%以上。

河北省各地市2011～2020年规划完成率均没有超过50%，总体平均规划完成率为32.28%，说明各地市总体规划完成率偏低。其中，廊坊2011～2020年规划建设高标准农田124.21万亩，实际完成57万亩，总体规划完成率45.89%，是河北省总体规划完成率最高的市。辛集市2011～2020年规划建设24.11万亩，实际完成5.33万亩，剩余18.78万亩，相对其他市来说，辛集市剩余完成率最高。总体规划完成率在30%以下的有5个市，分别为保定市、石家庄市、邯郸市、定州市、辛集市。总体规划完成率超过40%的有2个市，分别廊坊市为45.89%、承德市为40.03。其他6个市总体规划完成率为30%～40%。

表3-3 河北省高标准农田建设实施进度（2011～2020年）

市	2011～2015规划面积（万亩）	"十二五"期间实施面积（万亩）	"十二五"期间完成率（%）	总体规划完成率（%）	"十三五"期间剩余面积（万亩）
保定	113.38	67.5155	59.55	24.97	202.88
邢台	97.25	76.59	78.76	36.59	132.71
石家庄	95.71	63.1	65.93	27.96	162.59
衡水	89.04	62.71	70.43	33.92	122.14
沧州	86.86	76.61	88.20	35.17	141.21
邯郸	83.76	61.68	73.64	26.53	170.78
唐山	67.028	47.062	70.21	30.39	107.78
廊坊	61.45	57	92.76	45.89	67.21
张家口	61.063	49.17	80.52	39.15	76.43
承德	39.545	36.845	93.17	40.03	55.21
秦皇岛	19.22	17.22	89.59	30.68	38.90
定州	10	4.87	48.70	26.25	13.68
辛集	7.06	5.33	75.50	22.11	18.78
合计	831.37	625.70	75.26	32.32	1310.30

3.2.3 河北省各县高标准农田建设完成情况

从表3-4中可以看出，河北省132个有高标准农田建设任务的县（市）平均总体规划完成率33.63%。张家口沽源2011～2020年总体规划面积7.55万亩，实际实施面积6.17万亩，总体规划完成率为81.72%，是河北省总规划完成率最高的县。总规划完成率最低的县是石家庄赞皇县，2011～2020年规划建设高标准农田7万亩，实际实施0.3万亩，剩余6.7万亩。

表3-4　　河北省各县高标准农田建设实施
进度（2011～2020年）

市	县	2011～2020年规划面积（万亩）	2011～2015年实施面积（万亩）	完成率（%）	2016～2020年	
					剩余面积（万亩）	剩余率（%）
石家庄	藁城市	26.25	8.39	31.96	17.86	68.04
	晋州市	18.88	4.94	26.17	13.94	73.83
	深泽县	16.115	5.17	32.08	10.945	67.92
	无极县	16.2	3.43	21.17	12.77	78.83
	正定县	12.2	4.76	39.02	7.44	60.98
	新乐市	16.52	3.82	23.12	12.7	76.88
	行唐县	15.43	3.78	24.50	11.65	75.50
	鹿泉市	9.56	3.665	38.34	5.895	61.66
	赵县	24.36	5.8	23.81	18.56	76.19
	栾城县	13.36	3.42	25.60	9.94	74.40
	高邑县	11	4.1	37.27	6.9	62.73
	元氏县	20.48	8.104	39.57	12.376	60.43
	赞皇县	7	0.3	4.29	6.7	95.71
	灵寿县	10	1.587	15.87	8.413	84.13

续表

市	县	2011~2020 年规划面积（万亩）	2011~2015 年实施面积（万亩）	完成率（%）	2016~2020 年	
					剩余面积（万亩）	剩余率（%）
保定	博野县	15.3	4.06	26.54	11.24	73.46
	定兴	19.6	5.28	26.94	14.32	73.06
	雄县	17.9	8.1	45.25	9.8	54.75
	涞水	8	1.58	19.75	6.42	80.25
	曲阳	8.52	1.21	14.20	7.31	85.80
	望都	14.5	3.08	21.24	11.42	78.76
	高阳	9.19	3.2	34.82	5.99	65.18
	徐水	17.5	5.195	29.69	12.305	70.31
	安新	17.905	6.131	34.24	11.774	65.76
	涿州	19	5.035	26.50	13.965	73.50
	清苑	18.92	4.99	26.37	13.93	73.63
	安国	17.12	3.29	19.22	13.83	80.78
	顺平	8	2.09	26.13	5.91	73.88
	容城	14.94	2.04	13.65	12.9	86.35
	唐县	8.5365	2.46	28.82	6.0765	71.18
	高碑店	16.77	2.431	14.50	14.339	85.50
	蠡县	10.61	3.83	36.10	6.78	63.90
秦皇岛	昌黎	40.4	10.05	24.88	30.35	75.12
	抚宁	10.7	4.97	46.45	5.73	53.55

续表

市	县	2011～2020 年规划面积（万亩）	2011～2015 年实施面积（万亩）	完成率（%）	2016～2020 年剩余面积（万亩）	剩余率（%）
张家口	宣化	15.93	3.27	20.53	12.66	79.47
	赤城	5.37	2.37	44.13	3	55.87
	怀来	9.7	3.82	39.38	5.88	60.62
	涿鹿	15.53	3.03	19.51	12.5	80.49
	蔚县	11.96	4.62	38.63	7.34	61.37
	阳原	5.21	2.26	43.38	2.95	56.62
	怀安	6.54	3.82	58.41	2.72	41.59
	万全	11.04	3.55	32.16	7.49	67.84
	崇礼	3.596	1.266	35.21	2.33	64.79
	张北	9.235	7.275	78.78	1.96	21.22
	康保	7.21	1.68	23.30	5.53	76.70
	沽源	7.55	6.17	81.72	1.38	18.28
	尚义	6.41	1.71	26.68	4.7	73.32
	察北	4.78	1.54	32.22	3.24	67.78
	塞北	5.44	2.117	38.92	3.323	61.08
廊坊	三河市	13.8	6.37	46.16	7.43	53.84
	大厂县	8.67	2.18	25.14	6.49	74.86
	香河县	14.37	6.29	43.77	8.08	56.23
	广阳区	8.76	3.24	36.99	5.52	63.01
	安次区	12.19	7.19	58.98	5	41.02
	固安县	20.45	14.71	71.93	5.74	28.07
	永清县	9.07	3.77	41.57	5.3	58.43
	霸州市	11.43	3.19	27.91	8.24	72.09
	文安县	11.35	4.89	43.08	6.46	56.92
	大城县	14.02	4.23	30.17	9.79	69.83

续表

市	县	2011～2020 年规划面积（万亩）	2011～2015 年实施面积（万亩）	完成率（%）	2016～2020 年	
					剩余面积（万亩）	剩余率（%）
衡水	安平县	14.02	4.6	32.81	9.42	67.19
	阜城县	14	2.84	20.29	11.16	79.71
	故城	13.92	6.32	45.40	7.6	54.60
	冀州	18.83	7.68	40.79	11.15	59.21
	景县	21.66	7.0442	32.52	14.6158	67.48
	饶阳	22.26	10.46	46.99	11.8	53.01
	深州	17.34	3.01	17.36	14.33	82.64
	桃城区	11.76	4.11	34.95	7.65	65.05
	武强	15.1	6	39.74	9.1	60.26
	武邑	19.2	5.97	31.09	13.23	68.91
	枣强	16.76	7.47	44.57	9.29	55.43
沧州	青县	15.36	5.87	38.22	9.49	61.78
	献县	16.42	4.76	28.99	11.66	71.01
	孟村	8.72	2.97	34.06	5.75	65.94
	吴桥县	13.22	3.82	28.90	9.4	71.10
	南大港	8.95	2.98	33.30	5.97	66.70
	河间	17.4	6.57	37.76	10.83	62.24
	东光	16.72	5.15	30.80	11.57	69.20
	沧县	17.09	6.03	35.28	11.06	64.72
	黄骅	13.1	3.72	28.40	9.38	71.60
	海兴县	8.28	2.3	27.78	5.98	72.22
	泊头市	11.63	2.98	25.62	8.65	74.38
	中捷	8.42	2.414	28.67	6.006	71.33
	盐山县	20.11	10.31	51.27	9.8	48.73
	南皮	12.6	6.11	48.49	6.49	51.51
	任丘市	12.52	4.1	32.75	8.42	67.25
	肃宁	17.32	6.97	40.24	10.35	59.76

续表

市	县	2011～2020 年规划面积（万亩）	2011～2015 年实施面积（万亩）	完成率（%）	2016～2020 年	
					剩余面积（万亩）	剩余率（%）
邯郸	永年县	20.05	9.47	47.23	10.58	52.77
	临漳县	19.76	6.8	34.41	12.96	65.59
	大名县	18.28	5	27.35	13.28	72.65
	魏县	18.24	10.16	55.70	8.08	44.30
	曲周县	18.77	5.32	28.34	13.45	71.66
	磁县	15.87	2.79	17.58	13.08	82.42
	肥乡县	15.04	3.41	22.67	11.63	77.33
	成安县	14.77	3.06	20.72	11.71	79.28
	馆陶县	14.4	3.41	23.68	10.99	76.32
	邯郸县	13.74	4.59	33.41	9.15	66.59
	广平县	13.4	3	22.39	10.4	77.61
	鸡泽县	13.32	4.5	33.78	8.82	66.22
	邱县	13.42	3.15	23.47	10.27	76.53
	武安市	13.1	2.26	17.25	10.84	82.75
	涉县	10.3	1.44	13.98	8.86	86.02
邢台	南和县	13.57	3.87	28.52	9.7	71.48
	任县	19.5	8.86	45.44	10.64	54.56
	隆尧县	16.28	3.53	21.68	12.75	78.32
	柏乡县	13.38	6.54	48.88	6.84	51.12
	宁晋县	22.6	6.24	27.61	16.36	72.39
	新河县	9.36	3.65	39.00	5.71	61.00
	清河县	17.7	6.37	35.99	11.33	64.01
	临西县	10.63	2.16	20.32	8.47	79.68
	内丘县	11.72	4.71	40.19	7.01	59.81
	巨鹿县	24.81	12.51	50.42	12.3	49.58
	平乡县	10.15	4.73	46.60	5.42	53.40
	广宗县	9	3.08	34.22	5.92	65.78
	威县	17.53	5.76	32.86	11.77	67.14
	南宫市	12	5.27	43.92	6.73	56.08

市	县	2011~2020 年规划面积（万亩）	2011~2015 年实施面积（万亩）	完成率（%）	2016~2020 年	
					剩余面积（万亩）	剩余率（%）
唐山	曹妃甸区	12.05	7.088	58.82	4.962	41.18
	丰润区	20.6	6.67	32.38	13.93	67.62
	迁安市	10.27	3.13	30.48	7.14	69.52
	丰南区	18.85	4.39	23.29	14.46	76.71
	玉田县	21.85	4.204	19.24	17.646	80.76
	滦县	15	6.5	43.33	8.5	56.67
	滦南	21.1	6.7	31.75	14.4	68.25
承德	隆化县	18.03	10.03	55.63	8	44.37
	平泉县	12.7	5.2	40.94	7.5	59.06
	承德县	11.38	3.16	27.77	8.22	72.23
	丰宁县	15.195	6.475	42.61	8.72	57.39
	围场县	12.7	6	47.24	6.7	52.76
	滦平县	9.24	3.78	40.91	5.46	59.09
	兴隆县	5.2	1	19.23	4.2	80.77
	宽城县	6.2	0.9	14.52	5.3	85.48
	双滦区	1.6	0.3	18.75	1.3	81.25
辛集市	辛集	24.11	5.33	22.11	18.78	77.89
定州市	定州	18.55	4.87	26.25	13.68	73.75

河北省各县总规划完成率在 50% 以上的有 10 个县，分别为张家口的怀安县、张北县、沽源县，廊坊的安次区、固安县，沧州盐山县，邯郸魏县，邢台巨鹿，唐山曹妃甸，承德隆化县，占河北省全县的 8.3%。总规划完成率为 40%~50% 的县有 24 个，占河北省全县的 18.2%；有 39 个县规划完成率为 30%~40%，占河北省全县的 29.5%；有 42 个县规划完成率为 20%~30%，占河北省全县的 31.8%；规划率低于 20% 的县有 16 个，占河北省全县

的 12.1%。

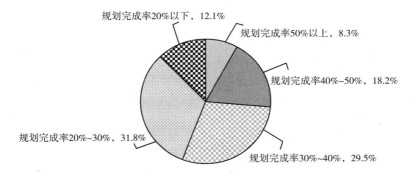

图 3-1 河北省各县高标准农田建设规划完成情况

3.3 河北省高标准农田建设资金总体投入情况

河北省 2011~2015 年建设高标准农田共投入资金 809926.4 万元（中央财政投资 516350.5 万元，省级财政投资 173462.6 万元，市级财政投资 14905.13 万元，县级财政投资 20556 万元，自筹资金 84652.15 万元），其中 2013 年投资总额最多，为 186569.9 万元。河北省高标准农田 2011~2015 年实际治理面积呈逐年上升的趋势，但是资金的投入从 2013 年起呈下降趋势。尤其是自筹资金，到 2015 年群众自筹资金只有 5048.86 万元，占总投资额的 3.2%，是这五年里群众自筹资金最少的一年。

2011~2015 年河北省高标准农田建设资金来源投入中，中央财政资金、地方财政资金、农民自筹资金投入比例分别为 63.75%、25.8%、10.45%。相对来说，中央财政资金是最大的投资主体。2011 年河北省高标准农田建设上述资金的投入比例分别为 61.22%、26.52%、12.26%，2015 年投资比例分别为 69.23%、27.57%、3.2%。2011~2015 年整体投资额呈上升趋势，以中央财政资金为主要投资来源。

表3-5　河北省2011~2015年高标准农田建设实际投资情况

单位：万元

年度	投资总额	财政资金						自筹资金		整合资金
		合计	中央资金	地方资金				小计	其中：投工投劳折资	
				小计	省级	地级	县级			
2011	121613.7	106707.7	74449.69	32258	22104	2237	7917	14906	13491.67	120
2012	156096.4	137114.4	97379.4	39735	31922	2905	4908	18982	17520.01	0
2013	186569.9	163141.9	116761.7	46380.2	39074.2	3328	3978	23428	21850.93	710
2014	174964.9	153089.5	109602.8	43486.7	38391.7	3232	1863	21875.4	20439.97	4017
2015	170681.5	165220.7	118156.9	47063.83	41970.7	3203.13	1890	5460.75	5048.86	857
合计	809926.4	725274.2	516350.5	208923.73	173462.6	14905.13	20556	84652.15	78351.44	5704

表 3-6

河北省 2011～2015 年高标准农田建设项目实际投资情况汇总

序号	省市	项目年度	投资总额	财政资金 合计	中央资金 中央	中央资金 占投资总额比重(%)	地方资金 小计	地方资金 占中央资金比重(%)	地方资金 省级	地方资金 地级	地方资金 县级	自筹资金 小计	自筹资金 自筹占中央资金比重(%)	自筹资金 其中:投工投劳折资	整合资金
1	石家庄	2011	11099	9737	6812	61.37	2925	42.94	1678	173	1074	1362	19.99	1218.66	
		2012	17493	15307	10902	62.32	4405	40.41	3610	292	503	2186	20.05	2146.05	
		2013	18534	16215	11582	62.49	4633	40.00	3707	239	687	2319	20.02	2185.98	
		2014	17933	15692	11209	62.50	4483	39.99	4121	326	36	2241	19.99	2205.01	
		2015	18180	17755	12617	69.40	5138	40.72	4747	354	37	425	3.37	247.8	
		合计	83239	74706	53122	63.82	21584	40.63	17863	1384	2337	8533	16.06	8003.5	120
2	唐山	2011	12341	10874	7327	59.37	3546	48.40	2142	515	889	1468	20.04	1468	
		2012	12875	11301	7974	61.93	3327	41.72	2586	473	268	1574	19.74	1574	
		2013	25629	22428	16038	62.58	6390	39.84	5380	729	281	3201	19.96	3201	
		2014	12897	11284	8061	62.50	3223	39.98	2852	334	37	1613	20.01	1613	
		2015	13830.73	12431.13	8895	64.31	3556.13	39.98	3208	308.13	40	1379	15.50	1379	
		合计	77572.73	68318.13	48295	62.26	20042.13	41.50	16168	2359.13	1515	9235	19.12	9235	120

续表

序号	省市	项目年度	投资总额	实际投资（万元）											
				财政资金								自筹资金			整合资金
				合计	中央资金		小计	占中央资金比重（%）	地方资金			小计	自筹占中央资金比重（%）	其中：投工投劳折资	
					中央	占投资总额比重（%）			省级	地级	县级				
3	秦皇岛	2011	4205	3679	2627	62.47	1052	40.05	841		211	526	20.02	526.01	0
		2012	5077	4530	3439	67.74	1091	31.72	872	42	177	547	15.91	501.5	0
		2013	2579	2257	1612	62.50	645	40.01	516	0	129	322	19.98	313.7	0
		2014	1782	1560	1114	62.51	446	40.04	446	0	0	222	19.93	215.5	0
		2015	2685	2600	1857	69.16	743	40.01	743	0	0	85	4.58	85	0
		合计	16328	14626	10649	65.22	3977	37.35	3418	42	517	1702	15.98	1641.71	0
4	沧州	2011	11123.69	10256.69	7134.69	64.14	3122	43.76	2144	79	899	1144	16.03	1291.48	0
		2012	17552.4	15704.4	11249.4	64.09	4455	39.60	3599	300	556	2054	18.26	2141.01	0
		2013	19032.6	17094.7	12484.7	65.60	4610	36.93	3955	275	380	2123.6	17.01	2465.3	0
		2014	21881.2	19829.8	14294.8	65.33	5535	38.72	4781	359	395	2263	15.83	2759.6	0
		2015	21422.9	20688.9	14982.9	69.94	5706	38.08	4876	381	449	912	6.09	1139	0
		合计	91012.79	83574.49	60146.49	66.09	23428	38.95	19355	1394	2679	8496.6	14.13	9796.39	0

续表

序号	省市	项目年度	投资总额	实际投资（万元）											
				财政资金								自筹资金			整合资金
				中央资金			小计	占中央资金比重（%）	地方资金			小计	自筹占中央资金比重（%）	其中：投工投劳折资	
				合计	中央	占投资总额比重（%）			省级	地级	县级				
5	保定	2011	10849	9515	6675	61.53	2840	42.55	1931	72	837	1334	19.99	1303	
		2012	15702	13809	9814	62.50	3995	40.71	3208	297	490	1893	19.29	1881	
		2013	18309	16026	11447	62.52	4445	38.83	3717	168	694	2283	19.94	2232.2	
		2014	17859	15627	11162	62.50	4465	40.00	3986	258	221	2232	20.00	2209.6	
		2015	17947.56	16729	11950	66.58	4779	39.99	4333	274	172	1218.56	10.20	1218.56	0
		合计	80666.56	71706	51048	63.28	20524	40.21	17175	1069	2414	8960.56	17.55	8844.36	0
6	邢台	2011	13411	11761	8225	61.33	3536	42.99	2562	162	812	1650	20.06	1463.5	
		2012	22299	19525	13845	62.09	5680	41.03	4639	290	751	2774	20.04	2622.81	
		2013	21413	18739	13384	62.50	5355	40.01	4747	263	345	2674	19.98	2433	
		2014	19608	17154	12250	62.47	4904	40.03	4295	252	357	2454	20.03	2068.24	
		2015	20049	19826	14161	70.63	5665	40.00	4935	266	464	223	1.57	196	
		合计	96780	87005	61865	63.92	25140	40.64	21178	1233	2729	9775	15.80	8783.55	

续表

实际投资（万元）

序号	省市	项目年度	投资总额	财政资金								自筹资金			整合资金
				中央资金			小计	占中央资金比重(%)	省级	地级	县级	小计	自筹占中央资金比重(%)	其中:投工投劳折资	
				合计	中央	占投资总额比重(%)									
7	邯郸	2011	12575	11047	7629	60.67	3418	44.80	2372	123	923	1528	20.03	1354.12	
		2012	13870	12258	8756	63.13	3502	40.00	2804	234	464	1612	18.41	1530.94	
		2013	16558	14488	10348	62.50	4140	40.01	3416	305	419	2170	20.97	2115.68	
		2014	16471	14412	10293	62.49	4119	40.02	3640	307	172	2059	20.00	1960.1	
		2015	19587.7	19398	13855	70.73	5543	40.01	4893	426	224	189.7	1.37	151.01	
		合计	79061.7	71603	50881	64.36	20722	40.73	17125	1395	2202	7558.7	14.86	7111.85	
8	张家口	2011	9722	8522	6011	61.83	2511	41.77	1830	228	453	1200	19.96	960.1	
		2012	11070	9766	6828	61.68	2938	43.03	2391	268	279	1304	19.10	914.2	
		2013	16492	14429	10307	62.50	4122	39.99	3704	247	171	2063	20.02	1670.82	
		2014	14823	12970	9385	63.31	3585	38.20	3134	236	215	1853	19.74	1657.02	
		2015	11618.4	11534	8239	70.91	3295	39.99	3012	202	81	84.4	1.02%	57.4	
		合计	63725.4	57221	40770	63.98	16451	40.35	14071	1181	1199	6504.4	15.95	5259.54	

续表

序号	省市	项目年度	投资总额	合计	实际投资（万元）										整合资金
					财政资金							自筹资金			
					中央资金		小计	占中央资金比重(%)	省级	地级	县级	小计	自筹占中央资金比重(%)	其中：投工投劳折资	
					中央	占投资总额比重(%)									
9	衡水	2011	14065	12346	8589	61.07	3722	43.33	2628	230	899	1719	20.01	1447.3	
		2012	14263	12522	8943	62.70	3579	40.02	2862	273	444	1741	19.47	1415.5	
		2013	15867	13868	9906	62.43	3962	40.00	3384	358	220	1999	20.18	1705.35	
		2014	18134	15868	11334	62.50	4534	40.00	4180	354	0	2266	19.99	2145.22	
		2015	18874	18331	13094	69.38	5516	42.13	4874	361	0	543	4.15	413	
		合计	81203	72935	51866	63.87	21313	41.09	17928	1576	1563	8268	15.94	7126.37	
10	承德	2011	9001	7899	5511	61.23	2388	43.33	1678	171	539	1102	20.00	878.3	
		2012	8998	7896	5590	62.12	2306	41.25	1928	142	467	1102	19.71	812.6	
		2013	13824.2	11475.2	8198	59.30	3277.2	39.98	2798.2	287	192	1639	19.99	1362.2	710
		2014	14200.7	10638.7	7604	53.55	3034.7	39.91	2690.7	329	15	1522	20.02	1127	4017
		2015	8727.7	7942.7	5686	65.15	2256.7	39.69	2063.7	149	44	115	2.02	103	857
		合计	54751.6	45851.6	32589	59.52	13262.6	40.70	11158.6	1078	1257	5480	16.82	4283.1	5584

续表

序号	省市	项目年度	投资总额	实际投资（万元）											整合资金
				财政资金								自筹资金			
				合计	中央资金		小计	占中央资金比重（%）	地方资金			小计	自筹占中央资金比重（%）	其中：投工投劳折资	
					中央	占投资总额比重（%）			省级	地级	县级				
11	廊坊	2011	10690	9352	6681	62.50	2671	39.98	1904	484	283	1338	20.03	1335.2	
		2012	13950	12236	8590	61.58	3646	42.44	2959	294	393	1714	19.95	1698.4	
		2013	15641	13710	9792	62.60	3918	40.01	3134	457	327	1931	19.72	1915.1	
		2014	17812	15607	11148	62.59	4459	40.00	3567	477	415	2205	19.78	2197	
		2015	15046	15046	10748	71.43	4318	40.17	3457	482	379	0	0.00	0	
		合计	73139	65951	46959	64.21	19012	40.49	15021	2194	1797	7188	15.31	7145.7	
12	辛集	2011	503	440	314	62.43	126	40.13	101		25	63	20.06	63	
		2012	554	485	346	62.45	139	40.17	111		28	69	19.94	69	
		2013	2210	1944	1329	60.14	615	46.28	509		106	266	20.02	184.6	
		2014	1837	1607	1148	62.49	459	39.98	459			230	20.03	162.68	
		2015	1568	1554	1110	70.79	444	40.00	444			14	1.26	14	
		合计	6672	6030	4247	63.65	1783	41.98	1624	0	159	642	15.12	493.28	0

续表

序号	省市	项目年度	投资总额	实际投资（万元）											
				财政资金								自筹资金			整合资金
				合计	中央资金		小计	占中央资金比重（%）	地方资金			小计	自筹占中央资金比重（%）	其中：投工投劳折资	
					中央	占投资总额比重（%）			省级	地级	县级				
13	定州	2011	1463	1280	914	62.47	366	40.04	293		73	183	20.02	183	
		2012	1757	1544	1103	62.78	441	39.98	353		88	213	19.31	213	
		2013	534	468	334	62.55	134	40.12	107		27	66	19.76	66	
		2014	960	840	600	62.50	240	40.00	240			120	20.00	120	
		2015	1392.09	1347	962	69.10	385	40.02	385			45.09	4.69	45.09	
		合计	7863	7023	5016	63.79	2007	40.01	1731		276	840	16.75	840	

从河北省高标准农田建设资金支出的幅度来看，2011 年高标准农田建设共投资 121613.7 万元，到 2015 年达到 170681.5 万元，年均增长 8.07%。其中，中央财政资金由 2011 年的 74449.69 万元增长到 2015 年的 118156.9 万元，年均增长 11.74%，涨幅最快，充分显示了国家对河北省高标准农田建设的支持。地方财政资金由 2011 年的 32258 万元增长到 2015 年的 47063.83 万元，年均增长 9.18%。自筹资金由 2011 年的 14906 万元减少到 2015 年的 5460.75 万元，年均减少 12.67%。

从以上河北省高标准农田建设资金来源和支出幅度来看，中央财政资金所占比重最大，涨幅最多，而农民自筹资金占比较少，并呈现下降趋势。

3.4　河北省高标准农田建设中存在的问题

"十二五"期间河北省农业综合开发高标准农田建设项目取得了丰硕的成果，对改善农业基础设施、提高粮食综合生产率发挥了重要的作用，但是在建设过程中仍存在一定的问题。

🌱 3.4.1　建设资金方面

资金是影响高标准农田建设的主要因素。河北省高标准农田建设资金存在的问题主要体现在中央财政资金、地方财政资金、自筹资金投入不足；建设资金来源较为单一，绝大部分利用财政资金的投入，没有多措并举，利用社会资本、金融资本建设高标准农田项目。

1. 中央财政资金投资不足

河北省 2011~2015 年规划建设高标准农田 831.37 万亩，估算投资 124.12 亿元（平均亩投资 1493 元）。按照现行的资金配套政策，2011~2015 年中央财政资金投资河北省高标准农田项目建设应为 77.58 亿元左右，然而中央财政资金实际投入 51.64 亿元，占规划投资的 66.56%。

从各市投资情况来看，石家庄市 2015 年，唐山市 2013 年，秦皇岛市 2015 年，张家口市 2015 年，衡水市 2014 年，承德市 2013年、2014 年、2015 年，廊坊市 2015 年，辛集市 2015 年，定州市2015 年平均亩投资额超过 900 元，其他各市各年份投资额在 700～800 元之间，更有秦皇岛 2012 年中央财政投资额为 3439 万元，平均亩投资额为 414.34 元。整体来说，高标准农田建设项目中央财政资金投资不足。

表 3-7　河北省各市高标准农田中央财政资金投资情况

地市	年份	建设面积（万亩）	中央财政投入资金（万元）	中央财政资金平均亩投资（元/亩）
石家庄	2011	9.5	6812	717.05
	2012	13.19	10902	826.54
	2013	13.88	11582	834.44
	2014	12.93	11209	866.90
	2015	13.6	12617	927.72
唐山	2011	9.94	7327	737.12
	2012	9.898	7974	805.62
	2013	8.1	16038	1980.00
	2014	9.164	8061	879.64
	2015	9.9595	8895	893.12
秦皇岛	2011	3.82	2627	687.70
	2012	8.3	3439	414.34
	2013	1.8	1612	895.56
	2014	1.3	1114	856.92
	2015	2	1857	928.50

续表

地市	年份	建设面积 （万亩）	中央财政 投入资金（万元）	中央财政资金 平均亩投资（元/亩）
沧州	2011	10.77	7134.69	662.46
	2012	16.05	11249.4	700.90
	2013	15.47	12484.7	807.03
	2014	16.92	14294.8	844.85
	2015	17.4	14982.9	861.09
保定	2011	10.88	6675	613.51
	2012	12.5225	9814	783.71
	2013	14.3	11447	800.49
	2014	14.8145	11162	753.45
	2015	14.2795	11950	836.86
邢台	2011	12.21	8225	673.63
	2012	17.09	13845	810.12
	2013	16.75	13384	799.04
	2014	15.11	12250	810.72
	2015	16.12	14161	878.47
邯郸	2011	10.86	7629	702.49
	2012	10.6	8756	826.04
	2013	12.62	10348	819.97
	2014	12.01	10293	857.04
	2015	15.59	13855	888.71
张家口	2011	7.86	6011	764.76
	2012	8.744	6828	780.88
	2013	12.818	10307	804.10
	2014	10.63	9385	882.88
	2015	9.117	8239	903.70

地市	年份	建设面积 （万亩）	中央财政 投入资金（万元）	中央财政资金 平均亩投资（元/亩）
衡水	2011	12.08	8589	711.01
	2012	10.77	8943	830.36
	2013	12.69	9906	780.61
	2014	12.5	11334	906.72
	2015	14.67	13094	892.57
承德	2011	7.395	5511	745.23
	2012	6.65	5590	840.60
	2013	8.63	8198	949.94
	2014	7.96	7604	955.28
	2015	6.21	5686	915.62
廊坊	2011	9.69	6681	689.47
	2012	11.52	8590	745.66
	2013	11.34	9792	863.49
	2014	12.83	11148	868.90
	2015	11.62	10748	924.96
辛集	2011	0.6	314	523.33
	2012	0.51	346	678.43
	2013	1.56	1329	851.92
	2014	1.45	1148	791.72
	2015	1.21	1110	917.36
定州	2011	1.2	914	761.67
	2012	1.35	1103	817.04
	2013	0.57	334	585.96
	2014	0.71	600	845.07
	2015	1.04	962	925.00

河北省 13 个地市 2011～2015 年中央财政资金平均亩投资相对都比较稳定，只有唐山市 2013 年中央财政资金平均亩投资达到 1980 元，单一项的财政资金投入已经远超过河北省高标准农田建设投资标准。投资过高，会导致高标准农田建设过度开发，财政资金分布不平衡会影响高标准农田建设进度。秦皇岛市 2012 年平均亩投资 414.34 元，基本达到其他各市各年高标准农田建设中央财政资金投资额的一半，中央财政资金投入严重不足。

调研的 16 个样本县，共有 10 个县平均亩投资超过 900 元，除了承德县 2012 年，其余均集中在 2013～2015 年。2011～2012 年农业综合开发项目为中低产田改造，投资比后几年高标准农田建设项目少。

2. 地方财政资金投资不足

按现行配套政策，地方财政资金占中央财政资金不低于 40%。2011～2015 年，按规划投资估算地方财政配套资金应投资 31.03 亿元左右，但实际投资为 20.90 亿元，占规划投资的 67.35%。与规划投资相比，河北省地方财政资金投入不足。"十二五"期间河北省财政按照"地方财政资金占中央财政资金不低于 40%"的相关要求进行高标准农田项目资金配套。"十二五"期间，按照实际批复计划，中央财政资金投资 516350.5 万元，地方财政配套资金投资 208963.72 万元，占中央财政资金的 40.07%。河北省各市地方财政资金的投入基本上都在 40% 左右。这说明，河北省地方财政资金财力投入不足，只是按照最低标准进行了资金配套。

3. 群众自筹资金严重不足

"十二五"期间，群众自筹资金为 84652.15 万元，占中央财政资金的 16.39%。从各年度投资情况来看，自筹资金越来越少。2011 年社会投资和群众自筹资金为 14906 万元，占中央财政资金的 20.02%；到 2015 年群众自筹及其他资金只有 5460.75 万元，占中央财政资金的 4.62%。上述数据说明，河北省高标准农田建设中群众自筹资金严重不足，在一定程度上反映了群众在高标准农田建设过程中的积极性不高。

表 3 - 8　　　　　河北省高标准农田建设资金投资情况

项目年度	投资总额（万元）	中央财政资金（万元）	所占比例（%）	地方财政资金（万元）	所占比例（%）	自筹资金（万元）	所占比例（%）
2011	121613.7	74449.69	61.22	32258.00	26.52	14906	12.26
2012	156096.4	97379.4	62.38	39735.00	25.46	18982	12.16
2013	186569.9	116761.7	62.58	46380.20	24.86	23428	12.56
2014	174964.9	109602.8	62.64	43486.70	24.85	21875.4	12.50
2015	170681.5	118156.9	69.23	47063.83	27.57	5460.75	3.20
合计	809926.4	516350.5	63.75	208923.73	25.80	84652.15	10.45

3.4.2　部分高标准农田建设资金用于生态治理项目

问卷调查显示，有接近一半的农业干部更愿意进行生态治理项目的建设。主要原因是，近年来由于粮食作物价格持续走低，粮食种植收益普遍不高，影响了部分地区高标准农田项目建设的积极性。与之相反，生态治理项目的经济效益相对较高，部分地区热衷于生态治理项目建设，将农业综合开发资金用于生态治理项目。河北省作为环京津生态环境支撑区，生态治理项目资金所占农业综合开发资金的比重高于一般省份（河北省生态治理项目资金占总资金的比重不超过20%，一般省份比重不超过15%），在部分地区热衷于投资生态治理项目的情况下，高标准农田建设项目的资金受到了一定的挤占。这种情况也从一定程度上导致了粮食主产区的建设进度较为缓慢。"十二五"期间河北省粮食主产区的高标准农田建设进度为71.80%，低于全省75.26%的平均进度。

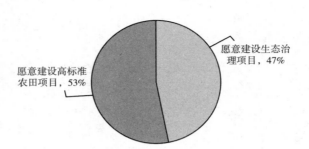

图 3 – 2　农业干部愿意建设项目情况

🌱 3. 4. 3　高标准农田投资标准偏高

通过对河北省各项目区及市县农业干部调查，发现有 35% 的干部认为高标准农田投资标准偏高。目前，河北省高标准农田建设项目的投资标准为 1300 元/亩左右，相比于国土部门的高标准农田项目投资标准偏高。而且，部分基础设施条件较好的地区，实际投资需求量达不到 1300 元/亩，用于农田水利设施的投资较少，大量投资用于修路，特别是混凝土硬化路，造成部分地区出现了"过度开发"的现象。

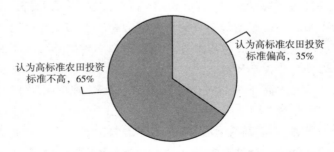

图 3 – 3　农业干部认为高标准农田建设投资标准是否偏高比例

🌱 3. 4. 4　土地确权后，集中连片建设遇到困难和阻力

有近三成的农业干部认为农民不支持是制约高标准农田建设的

又一大因素。在高标准农田建设过程中，农民对土地确权的认识有偏差，有的已将废弃路边沟平整为耕地据为己有。甚至有的村将沟渠平整划给土地少的农户，登记在册，给项目的集中连片设计和农田道路修整增添不少阻力。

🌱 3.4.5　财政收入与高标准农田建设

由表3-9可以看出，衡水市2011~2015年高标准农田建设资金投入占其财政收入的比例最高，但是2011~2015年，衡水市高标准农田资金的投入占财政收入的比例呈现逐年下降的趋势，衡水市2011~2015年高标准农田的规划完成率只有70.43%。而2011~2015年高标准农田建设规划完成率超过90%的承德市和廊坊市，其高标准农田2011~2015年资金的投入占财政收入的比例相对稳定。承德市2011~2014年投资比例均超过0.5%，2015年比例为0.49%，略有下降。廊坊市2011~2014年投资比例均超过0.4%，2015年为0.31%，稍有下降。沧州市规划完成率为88.2%，其2011~2015年投资比例整体波动不大，除2011年投资比例为0.35%，其他年份投资比例均在0.5%左右。由此可以看出，高标准农田投资比例相对稳定的市有助于高标准农田建设规划的完成。

表3-9　　河北省各市财政收入与高标准农田建设投入情况

地市	项目	2011年	2012年	2013年	2014年	2015年
石家庄市	财政收入（亿元）	489	573.4	648.3	681.3	778.5
	高标准农田投入（万元）	11099	17493	18534	17933	18180
	占比（%）	0.23	0.31	0.29	0.26	0.23
承德市	财政收入（亿元）	153.4	175	192	196.5	163.5
	高标准农田投入（万元）	9001	9229	13114.2	12160.7	8057.7
	占比（%）	0.59	0.53	0.68	0.62	0.49

续表

地市	项目	2011 年	2012 年	2013 年	2014 年	2015 年
张家口市	财政收入（亿元）	179.34	214.15	224.76	230.6	230.68
	高标准农田投入（万元）	9722	11070	16492	14823	11618.4
	占比（%）	0.54	0.52	0.73	0.64	0.50
秦皇岛市	财政收入（亿元）	168.68	194.94	197.46	206.41	205.73
	高标准农田投入（万元）	4025	5077	2579	1782	2685
	占比（%）	0.24	0.26	0.13	0.09	0.13
唐山市	财政收入（亿元）	555.52	622.57	575.09	566.55	574.6
	高标准农田投入（万元）	12341	12875	25629	12897	13830.13
	占比（%）	0.22	0.21	0.45	0.23	0.24
廊坊市	财政收入（亿元）	251.4	306.6	349.2	406.7	481.3
	高标准农田投入（万元）	10690	13950	15641	17812	15066
	占比（%）	0.43	0.45	0.45	0.44	0.31
保定市	财政收入（亿元）	265.9	311.3	324.8	326.1	355.5
	高标准农田投入（万元）	10849	15702	18309	17859	17947.56
	占比（%）	0.41	0.50	0.56	0.55	0.50
沧州市	财政收入（亿元）	328.5	380.4	416.5	411.4	446.7
	高标准农田投入（万元）	11400.69	17758.4	19218.3	22092.8	21600.9
	占比（%）	0.35	0.47	0.46	0.54	0.48
衡水市	财政收入（亿元）	77.4	100.76	129.07	148.61	163.3
	高标准农田投入（万元）	14065	14263	15867	18134	18872
	占比（%）	1.82	1.42	1.23	1.22	1.16
邢台市	财政收入（亿元）	151.43	170.86	167.1	174.4	176.5
	高标准农田投入（万元）	13411	22299	21413	19608	20049
	占比（%）	0.89	1.31	1.28	1.12	1.14
邯郸市	财政收入（亿元）	303.7	329.1	301.2	305.2	307.7
	高标准农田投入（万元）	12575	13870	16658	16471	19587.7
	占比（%）	0.41	0.42	0.55	0.54	0.64

续表

地市	项目	2011 年	2012 年	2013 年	2014 年	2015 年
辛集市	财政收入（亿元）	14.08	16.2	18.8	20	21.41
	高标准农田投入（万元）	503	554	2210	1837	1568
	占比（%）	0.36	0.34	1.18	0.92	0.73
定州市	财政收入（亿元）	20.2	24.2	25	27.84	31.05
	高标准农田投入（万元）	1463	1757	534	960	1392.09
	占比（%）	0.72	0.73	0.21	0.34	0.45

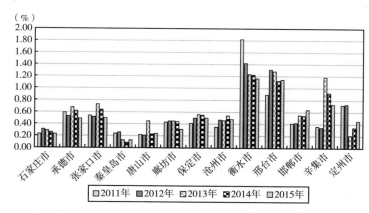

图 3 - 4　河北省 2011~2015 年高标准农田建设投资金额与财政收入

4 河北省高标准农田建设项目绩效评价设计与实施

4.1 河北省高标准农田建设项目绩效评价开展情况

随着我国财政体制改革的不断深入，以结果为导向的绩效评价工作被逐渐引入财政支出项目中。2008 年河北省财政厅着手开展省级财政支出绩效评价工作，并颁布《河北省省级财政支出绩效指标体系建设纲要》（冀财〔2008〕48 号），2010 年河北省政府颁布了《关于深化推进预算绩效管理的意见》（冀政〔2010〕138 号）。河北农业综合开发办公室承担了国家农业综合开发项目在河北省范围内的组织、管理与实施工作，为了贯彻中央、河北省关于加强财政支出项目绩效评价工作的精神，于 2010 年开展了河北省农业综合开发项目的绩效评价指标体系开发与制定工作，逐步实施农业综合开发项目的绩效评价工作，并积累了丰富的经验。

2014 年，国家农业综合开发办公室开始在全国范围内开展高标准农田项目的绩效评价工作，要求以省级为单位开展自评工作，并在此基础上委托财政部驻各地专员办开展绩效检查工作。

按照国家农业综合开发办公室的总体要求，2014 年起河北省农业综合开发办公室委托社会第三方评价机构针对高标准农田建设项目开展独立的绩效评价工作。

4.2 河北省高标准农田建设项目绩效评价体系的建设

4.2.1 评价对象与内容

河北省是在全国范围内较早开展高标准农田建设项目绩效评价指标体系建设和实践的省份，2010 年起聘请专业第三方机构设计土地治理项目（以高标准农田项目为主）的绩效评价方案和绩效评价指标体系，并进行了相关的实践探索。整个绩效评价工作主要包括以下几方面。

1. 内业检查

内业检查主要工作包括四个方面。（1）了解项目立项、组织实施、竣工验收和资金到位、使用及管理管护等整体情况。（2）查阅有关项目立项、实施、验收等资料，检查项目计划执行情况，落实项目招投标制、监理制、公示制、管护制度和财政资金报账制度执行情况等。（3）查阅项目的原始凭证、记账凭证和项目资金支出明细表，逐项核对项目资金支出的金额、合理性、记账的规范性等内容，核实项目资金到账、使用、报账和会计核算的实际情况。（4）根据省办批复的项目计划、可研报告、扩初设计等有关要求和效益指标，转换为绩效评价指标并确定其目标值。

2. 外业抽查

外业检查主要工作包括四个方面。（1）整体查看项目运行情况。主要检查林路框架、作物长势、种植结构、标准质量、整体形象等，核实项目完成率、达标率等情况。（2）抽查方田。按照高标准农田建设项目抽查方田比例不低于开发总面积的 10% 要求，逐块逐项查看项目工程管护、利用现状，统计其绩效信息。（3）与部分农户座谈，征求受益村、镇意见。（4）入户调查。在项目区内按照调查农户数量不低于全部受益农户数量 5% 的要求，随机抽取受益农户进行入户调查。

3. 基础数据、资料的采集情况及可靠性分析

支撑绩效评价结果的证据来源主要有以下五种途径。

（1）河北省农业综合开发办公室提供的数据资料。绩效评价工作从河北省农业综合开发办公室收集了包括项目绩效评价的各项政策文件、项目绩效评价工作方案、绩效评价指标、项目立项批复文件等资料。

（2）项目县农业综合开发办公室提供的资料。绩效评价工作要求项目县提供的佐证材料包括：项目建设总体概况；招投标、监理、公示制度证明材料；项目年度建设实施方案；项目建设进度、质量和绩效目标管控制度证明材料；项目工程移交手续；项目后续管护制度、管护人员及资金落实情况的证明材料；项目完工、验收报告、项目年度总结；项目报账的会计凭证、账簿等材料。项目单位提供的上述资料，能够相互印证和有第三方参与的资料可靠性较强。

（3）独立的第三方提供的资料。包括项目第三方监理机构提供的竣工或验收报告、有关单位和部门提供的项目区测产报告、会计师事务所提供的审计报告等。该项资料的可靠性较强。

（4）实地抽查方田数据。绩效评价小组对项目县的高标准农田项目进行实地调研，并且均为绩效评价组人员收集的第一手数据，能够保证抽查数据的可靠性。

（5）入户调查数据。入户调查采用随机抽查的方法，到项目区农户家中进行调查，了解项目实施前后的变化，收集有关项目的管理状况、实际运行状况、实施效果及满意度等方面的情况，为绩效评价组人员独立收集的第一手数据，能够保证抽查数据的可靠性。

4. 分析评价

（1）对照绩效评价指标标准和评分表，完成对各项目的绩效

评价打分。

（2）通过集中分析讨论，重点总结归纳项目建成取得的主要成果、存在的突出问题及改进建议，形成完整的绩效评价结论。

（3）编写项目评价报告。

🌱4.2.2　评价指标体系

1. 设置目的

建立农业综合开发绩效指标体系（以下简称指标体系）的目的主要是：（1）为编制农业综合开发项目和部门预算提供依据，使预算目标更加明确具体，提高预算的科学性；（2）为执行和监管农业综合开发项目提供依据，提高农业综合开发项目管理水平和农业综合开发资金使用效率；（3）为评价农业综合开发绩效提供依据，提高农业综合开发绩效评价工作的科学性；（4）为建立农业综合开发部门奖惩机制提供依据，全面提升农业综合开发部门综合管理水平。

2. 设置原则

（1）相关性和适应性相结合。农业综合开发的基本目标是提高农业综合生产能力和促进农民增收，绩效指标应与农业综合开发的基本目标直接相关，体现其职能目标的要求。同时，农业综合开发项目又有多种不同的种类，适用于不同的区域类型和承担主体，在具体目标上又有所不同，绩效指标应具有实际可操作性和广泛的适用性，便于调查和统计分析。

（2）完整性和重要性相统一。农业综合开发项目涉及种类较多，每一类项目都有其特殊性，指标体系应尽可能较为全面地反映农业综合开发的全部内容。同时，要避免指标间的重复性和交叉性，突出重点，从不同项目中筛选出最重要和最关键的绩效要素，设置最能反映农业综合开发绩效目标的指标。

（3）定性指标与定量指标相结合。为便于比较和应用，绩效指标应尽可能采用定量指标，对于不能完全通过定量指标进行反映的，应辅之以定性指标，做到可取得性与客观公正性的统一。

（4）指标具有可比性。为了便于在不同的农业综合开发项目单位间进行比较，绩效指标应具有可比性，具有相似目的的工作尽量选定共同的绩效指标。

3. 设置思路

（1）绩效指标体系总体框架设计。根据农业综合开发资金管理和运用的特点，将农业综合开发绩效指标体系设计为部门绩效指标和项目绩效指标两部分。

部门绩效主要是反映农业综合开发部门管理和运用财政资金所产生的绩效。部门绩效指标是针对农业综合开发各级管理部门的管理工作设置的，旨在从部门管理的全过程综合反映农业综合开发管理单位履行职责的情况。农业综合开发部门绩效指标分省、市、县三级，不同级别因其职能和权限不同，绩效指标和分值设计也有所区别。

项目绩效是财政资金投入后具体的农业综合开发项目的绩效。农业综合开发项目绩效指标主要是反映农业综合开发项目实施单位根据既定目标完成的工作数量和质量及产生的相关效果。项目绩效指标按照农业综合开发项目类别分为土地治理项目绩效指标和产业化经营项目绩效指标两大类，其中土地治理项目绩效指标包括高标准农田示范项目绩效指标、中低产田改造项目绩效指标、生态综合治理项目绩效指标、中型灌区节水配套改造项目绩效指标和单独立项的科技推广项目绩效指标五类；产业化经营项目绩效指标包括种植养殖基地项目绩效指标、农产品加工项目绩效指标和流通设施项目绩效指标三类。

（2）绩效指标构成设计。农业综合开发绩效指标的内容应反映财政支出的运行规律并体现"绩效"的本质规定，应体现各级管理部门对所管辖的项目资金的组织管理、产出和效果状况。为此，部门绩效指标和项目绩效指标在总体构成上都包括了管理、产出和效果三部分内容。

——部门绩效指标。部门绩效指标由目标决策、资金管理、组织管理、管理绩效和绩效评价5个一级指标构成，其中目标决策、资金管理、组织管理和绩效评价4个指标反映部门对农业综合开发目标、资金、绩效等全面管理状况，管理绩效指标反映部门对本辖区农业综合开发项目的管理结果，包括项目产出和项目效果两方面。

部门绩效指标中除县级没有资金分配二级指标外，其他指标省级、市级和县级均相同，不同之处只是各项指标的总分值和管理绩效指标（包括项目产出和项目效果指标）的计算方法有所区别。其中，省级部门管理绩效指标由其所辖市全部农业综合开发项目相应指标汇总而成；市级部门管理绩效指标由其所辖县全部农业综合开发项目相应指标汇总而成；县级部门管理绩效指标由其管理的全部农业综合开发项目相应指标计算取得。

——项目绩效指标。各类农业综合开发项目绩效指标均由管理指标、产出指标和效果指标构成。

管理指标是农业综合开发项目实施单位对项目的组织管理，包括项目管理和资金管理2个二级指标，其中项目管理主要反映项目管理制度建设、项目设计和组织实施、项目后期管理状况；资金管理主要反映项目财务制度、资金到位和资金使用状况。

产出指标是各类农业综合开发项目实施后的产出数量、质量及所需成本变化，包括数量指标、质量指标和成本指标3个二级指标，其中数量指标主要反映根据既定绩效目标完成的产品和服务数量；质量指标主要反映提供产品或服务达到的标准、水平及品质状况；成本指标反映提供相同产品或服务所需主要成本的变化状况。

　　效果指标是各类农业综合开发项目实施后取得的效果，包括经济效果、社会效果、生态效果及受益对象满意度4个二级指标，其中经济效果指标主要反映项目对国民经济和区域经济发展所带来的直接或间接效果；社会效果指标主要反映项目对社会发展的影响；生态效果指标主要反映项目利用和节约资源、对生态环境保护的影响，主要包括在治理环境、控制污染、恢复生态平衡和保持人类生存环境等方面的影响；受益对象满意度指标主要反映项目区受益对象对项目建设、资金使用、服务效果的满意程度。

　　（3）绩效指标层级设计。根据农业综合开发绩效指标设置的目标和原则，将各类绩效指标均分为四个层次，即一级、二级、三级、四级指标。

　　一级指标为管理指标（A）、产出指标（B）和效果指标（C），反映农业综合开发绩效的三个重要方面。

　　二级指标在一级指标下设置，其中管理指标（A）下设6个二级指标，是按照农业综合开发项目主要工作流程设计的，即从立项定位、预算编制、资金管理、过程管理、验收管理到后续管理，较为全面地体现了农业综合开发管理工作的绩效；产出指标（B）下设数量指标和质量指标2个二级指标，分别用来反映各类农业综合开发项目产出的数量和质量；效果指标（C）下设5各二级指标，分别为经济效果、社会效果、生态效果、可持续性影响和受益对象满意度。为了保证绩效指标的可比性，指标体系中各类农业综合开发项目的一级、二级绩效指标都是相同的。

　　三级指标在二级指标下设置，是根据不同的农业综合开发项目内容分别设置的，其中产出指标中的数量指标和质量指标在不同项目间差别较大，主要是不同项目的建设目标不同形成的；效果指标的三级指标在不同项目间尽量保持一致，便于在绩效评价中应用。

　　为了更详细地反映指标的具体内容，在部分三级指标下还设置了四级指标。

（4）绩效指标参考权重设计。根据四级指标的设计，为便于计算，将管理指标权重分值设计为100，产出指标和效果指标总权重也为100，其中产出指标权重分值设计为30，效果指标权重分值设计为70。在绩效评价时可用系数来调整各项一级指标的权重，如将管理指标、产出指标和效果指标的比例调整为0.3：0.3：0.4。计算公式为：

$$绩效总权重 = 管理指标权重×0.3 + （产出指标权重 + 效果指标权重）×0.7$$

如果将产出指标和效果指标单独列出来进行考核，则该两指标的总权重之和为100。

（5）业绩值和评分设计。业绩值和评分的内容主要用于绩效评价。业绩值可根据每项指标的参考权重值分为3~4个档次，由绩效评价专家给出每个档次的分值，在绩效评价时根据评价对象的具体情况给出具体评分，再计算评价对象的总评分值，据以考核评价对象的绩效。

4.2.3　指标具体内容

农业综合开发绩效指标根据内容和设置要求，可分为共性指标和个性指标。共性指标是各类农业综合开发项目通用的绩效指标，主要是管理指标；个性指标是不同类型的农业综合开发项目具有不同的绩效指标，主要是产出和效果指标。

1. 管理指标

农业综合开发绩效指标体系中的管理指标主要是反映农业综合开发管理活动的绩效指标。管理指标是针对农业综合开发管理部门和人员的工作绩效来设置的，重点从立项定位、预算编制、资金管理、项目过程管理、验收管理和后续管理六个方面建立绩效指标，旨在从项目管理的全过程综合反映农业综合开发管理单位的绩效。管理指标具体包括6个二级指标，15个三级指标，37

个四级指标。

表 4 - 1　农业综合开发绩效指标——共性指标（管理指标）

一级指标	二级指标	三级指标	四级指标	参考权重	业绩值	评分
管理指标 A	A1 立项定位	A11 目标设立	A111：项目有具体的目标	2		
			A112：项目目标与政府总体发展规划一致	2		
			A113：项目目标清晰、科学、明确、可行	2		
			A114：项目区域优势突出、有示范带动作用	2		
		A12 论证评估	A121：项目来自项目库（能反映绩效吗）	2		
			A122：项目经过专家进行论证	2		
			A123：项目按科学、规范程序进行决策	2		
	A2 预算编制	A21 预算编报	A211：项目预算编报规范	2		
			A212：项目预算编报及时	2		
			A213：项目预算编报合理	2		
	A3 资金管理	A31 资金分配	A311：项目资金分配按规定标准测算	2		
			A312：项目资金分配方法合理	2		
			A313：有效控制项目资金分配的散碎问题	2		
		A32 资金整合	A321：多渠道整合资金	3		
			A322：扩大整合资金的规模	3		
			A323：整合资金能够到位	3		

续表

一级指标	二级指标	三级指标	四级指标	参考权重	业绩值	评分
管理指标 A	A3 资金 管理	A33 管理 制度	A331：建立项目财务管理制度	3		
			A332：能按财务管理制度实施	3		
		A34 资金 拨付	A341：项目资金全部拨付	3		
			A342：项目资金拨付及时	3		
		A35 资金 使用监督	A351：资金全部按计划使用	4		
			A352：资金支出与预算相符	4		
			A353：资金支出符合国家相关规定	4		
	A4 项目 过程管理	A41 计划 管理	A411：制定了切实可行的实施计划	3		
			A412：有健全的责任机制	2		
			A413：严格落实实施计划	3		
		A42 项目 监控	A421：工程建设实施公开招标	2		
			A422：项目施工有工程监理	2		
			A423：项目实施有定期报告	2		
			A423：项目按计划时间完成	3		
	A5 验收 管理	A51 验收 制度	A511：建立验收制度	3		
		A52 验收 时间	A521：及时对已建设完成项目进行验收	3		
		A53 验收 组织	A531：项目验收方式合理	3		
			A532：项目验收机构权威	3		

一级指标	二级指标	三级指标	四级指标	参考权重	业绩值	评分
管理指标 A	A6 后续管理	A61 工程管护	A611：有完善的项目管护组织和制度	4		
			A612：完好的工程占总工程比重高	4		
		A62 工程利用	A613：实际利用工程数量占工程总数比例高	4		
总得分				100		

2. 产出和效果指标

农业综合开发绩效指标体系中的产出和效果指标主要是反映根据既定目标完成的工作数量和质量及产生的相关效果。产出和效果指标是针对每个项目设置的，重点是反映农业综合开发项目实施后所产出的结果和效果，通过评价农业综合开发项目承担单位完成项目的状况来反映农业综合开发管理部门的绩效。

根据农业综合开发项目类别的不同，产出指标和效果指标的具体内容也有所不同。为了便于比较和汇总，不同农业综合开发项目的产出指标和效果指标的二级指标都是相同的，即产出指标都包括数量指标和质量指标 2 个二级指标，效果指标都包括经济效果、社会效果、生态效果、可持续影响、受益对象满意度 5 个二级指标。

产出指标中的数量指标是反映根据既定绩效目标完成的产品和服务数量；质量指标是反映提供产品或服务达到的标准、水平及品质状况；经济效果指标是反映项目对国民经济和区域经济发展所带来的直接或间接效益，如社会年新增农产品或服务的产量、产值及年新增纯收入等；社会效果指标是反映项目对社会发展的影响，如带动农村经济、农民增收等；生态效果指标是反映项目利用和节约资源对生态环境保护的影响，主要包括治理环境、污染控制、恢复生态平衡和保持人类生存环境等方面的影响；可持续影响指标是反映项目对经济、社会和生态环境的可持续影响；受益对象满意度指标是反映项目区受益对象对项目建设、资金使用、服务效果的满意程度。

产出指标和效果指标中的三级指标和四级指标则根据不同类型的农业综合开发项目的不同特点分别设置不同的绩效指标。按照农业综合开发的产业化经营项目和土地治理项目两大类 8 个具体项目分别设置了 8 类绩效指标，其中产业化经营项目的绩效指标中包括农产品加工项目、流通设施项目和种植养殖基地项目 3 类具体指标，土地治理项目的绩效指标中包括中型灌区节水配套改造项目、生态综合治理项目、中低产田改造项目、高标准农田示范项目和科技推广项目 5 类具体指标。

表 4 – 2　　　土地治理项目——高标准农田项目绩效指标

一级指标	二级指标	三级指标	四级指标	参考权重	业绩值	评分
B 产出指标	B1 数量指标	B11 单位投入新增田地面积		3		
		B12 单位投入新增灌溉、排涝面积		3		
		B13 单位投入新增田间道路畅通面积		3		
		B14 单位投入新增农田林网防护面积		3		
		B15 单位投入新增农机动力		3		
	B2 质量指标	B21 项目工程达标率	B211：农业工程达标率	3		
			B212：水利工程达标率	3		
			B213：林业工程达标率	3		
			B214：科技措施达标率	3		
		B22 灌溉水利用率提高率		3		

一级指标	二级指标	三级指标	四级指标	参考权重	业绩值	评分
C 效果指标	C1 经济效果	C11 单位投入年新增粮食产量		7		
		C12 单位投入年新增产值		6		
		C13 单位投入年农民新增人均增收额		6		
		C14 粮食产值比重提高率		6		
	C2 社会效果	C21 农业总产值比重提高率		6		
		C22 农户纯收入增长率		6		
		C23 旱涝灾害损失降低率		5		
	C3 生态效果	C31 水资源利用率		5		
		C32 生态循环改善情况		5		
	C4 可持续影响	C41 农产品产值环比增长率		5		
		C42 单位农田固定资产增长率		5		
	C5 受益对象满意度	C51 项目单位满意度		4		
		C52 农民满意度		4		
总得分				100		

4.3 河北省农业综合开发高标准农田建设项目实施经验

从总体上看，河北省高标准农田建设项目无论在资金投入及使用、项目组织及管理，还是在项目实施及效果方面，都取得了较好的效果，受益对象满意度较高，项目的实施达到了预期的绩效目标。

各地市的经验及做法主要有：

1. 农户参与，倍增项目绩效

秦皇岛市昌黎县在项目建设前期，邀请以前年度项目区内的受益农户到拟新建的项目区内宣讲项目政策。宣讲内容涵盖了从路面宽度设计、路面材料选择、出水口设计、农田防护林的生态作用以及项目建成后可能带来的效益等多方面。由于农户身份的特殊性，可以迅速拉近项目与农户之间的距离，可以在短时间内打消农户对项目施工占地等问题的抵触情绪，因此，这一方法极大地提高了项目的推进效率，也最大可能降低了由于项目宣传力度不够，个别农户对栽种防护林作用认识不到位，从而毁坏防护林的现象出现。

承德市宣化县、秦皇岛市昌黎县在项目施工过程中，邀请农户代表为工程监督员，对工程进行监督，确保工程质量。例如，设计的水泥路面厚度18cm，项目县聘请多名农户代表轮流在施工现场全程测量路面厚度，保证全施工路段无偷工减料现象。农户代表监督工程质量，不仅加快了工程进度，也保证了工程质量，提高了农户对项目的满意度。

2. 集思广益，创新工程设计

（1）创新设计电力设施保护装置。秦皇岛昌黎县为了防止变电器内的铜线被盗用，设计了外加固整体焊接框形式的变电器配套保护装置，杜绝了铜线被盗用的可能性，保证了项目投资建设设施的安全；为了方便农户随身携带灌溉用电卡，昌黎县设计了可以随身携带的钥匙扣式刷卡器，在便于携带的同时，也减少了电卡易折、易损的概率。

（2）创新设计出水口保护装置。武邑县对项目区出水口及其保护装置的工程形式进行了改进，设计了可以360度旋转的出水口保护装置，以适应不同方向地块连接灌溉软管的需要。此外，出水口保护装置的材质也由圆形混凝土管改为铁管，消除了圆形混凝土管易碎的材质缺陷。

（3）创新树种选择和栽种方式。高邑县采用品字形双排种植的方式，树木成片成林栽种，在提高树木成活率增强防风固沙作用的同时，也强化了农户对林木的保护意识；霸州、丰南县选择了白蜡木，安国县选择了核桃、山楂树作为农田路边栽种树种。选用的林木树种成才后，经济价值相对较高，因此也增加了项目区农户的经济收入。

（4）创新管道输水设计。高邑县在机井与出水管道的连接方式上，采用单个机井与多条输水管道多方向联控的方法，在有不同出水量与出水方向要求时，农户可以根据需要自由调控，在很大程度上满足了农户多地块多角度灌溉的需求。

3. 用心选择项目区，增强示范带动效应

南和县在选择高标准农田建设项目区时，为了增强项目的示范带动效应，充分考虑土地规模化经营的发展需要，在项目区有土地流转或规模化种植和管理的大户中进行，集中采用良种示范、科学种植、机械作业、节水灌溉等综合农业措施，突出展示现代农业的生产和管理方式。这种方式在引导周边农户走现代农业发展道路方面的作用显著，对推动土地向种植大户或合作社流转、发展规模经济、建立新型农业经营主体等有一定的示范作用。

4. 创新管护模式，保证后期管护落实到位

项目后期管护问题是目前各地高标准农田项目建设中遇到的普遍性问题，公共投资项目重前期建设、轻后期管护是一个共性的社会问题。为了加强高标准农田建设项目的后期管护，河北省各地都在探索有效的项目管护模式。

昌黎县在项目的后续管护中，将需要管护的机井、出水口等设施分配到了村民小组，由小组内的成员按期轮流查看项目使用情况，发现问题及时联系电力、机井维修人员维修处理，维修管护费用由小组成员均摊。这样的管护方式不仅可以保证项目管护工作的效率，同时，维修费用由相应的设施使用人共同分摊（而不是将维修费用加价到电费中由全体村民承担）的方法，也维护了未使用该设施的其他村民的权益，提升了项目的管护绩效。

5 基于指标体系的河北省高标准农田建设项目资金绩效分析

为了深入分析河北省农业综合开发高标准农田建设项目绩效情况，本书选取 2014～2016 年连续三年数据，从投入、管理、产出和效果四个方面比较和分析了河北省农业综合开发高标准农田建设项目的综合绩效情况，同时对河北省各地市项目的实施绩效进行对比，总结项目实施经验做法以及存在的问题。

5.1 数据来源和数据范围

5.1.1 数据来源

以本书著者为核心的课题组连续三年（2015～2017 年）参与了 2014～2016 年度河北省农业综合开发高标准农田建设项目绩效评价工作，① 对河北省各市自评报告数据进行了汇总和审核，并对 35 个样本县 39 项目进行了抽查和重点评价。本书数据主要来源于审核后的市级自评报告数据和样本县评价数据。在调研过程中，共回收农户调查问卷 1290 份、村集体问卷 117 份（在项目区内按照调查农户数量不低于全部受益农户数量 5% 和不少于 30 人标准，随机抽取受益农户进行入户调查），获取了大量的一手数据。

---

① 高标准农田项目一般为项目实施结束一年后开展绩效评价工作，如 2017 年评价 2016 年项目绩效情况。

表 5 - 1　　　　　2014 ~ 2016 年度高标准农田项目

绩效评价问卷调查统计

年度	问卷类型	涉及范围	发放问卷数量（份）	回收问卷数量（份）	有效问卷（份）	有效率（%）
2014	农户问卷	7 县 11 个项目 47 个行政村	320	310	310	96.88
	乡村问卷	47	47	47	47	100
2015	农户问卷	12 个项目县 33 个行政村	420	410	403	98
	乡村问卷	33	33	33	33	100
2016	农户问卷	16 个项目县 37 个行政村	550	545	535	98
	乡村问卷	37	37	37	37	100

5.2.2　数据范围

1. 2014 年度项目数据范围

2014 年度调研范围涉及 5 个设区市、7 个县、47 个村的 11 个项目，总体建设规模为 6.59 万亩。具体情况如表 5 - 2 所示。

表 5 - 2　　　　河北省 2014 年度农业综合开发高标准

农田建设项目建设规模和地点

序号	市、县	项目名称	建设规模（万亩）	建设地点
1	邢台市巨鹿县	第一批苏营片 2014 年度高标准农田建设项目	1.2	观寨乡的南哈口和苏营乡的吉陈庄、大陆、团城、郭庄、岳石鹿、齐石鹿 7 个行政村
		第二批观寨乡 2014 年度高标准农田建设项目	1	观寨乡的崔寨、何寨、路庄、刘庄 4 个行政村和邢台市益沃农业科技开发有限公司
		第二批张王瞳乡 2014 年度高标准农田建设项目	0.5	张王瞳乡的阎桥和八里庄 2 个行政村

续表

序号	市、县	项目名称	建设规模（万亩）	建设地点
2	邢台市内丘县	金店镇2014年度高标准农田建设项目	0.64	金店镇常丰村、东文孝村2个行政村
		第二批内丘镇2014年度高标准农田建设项目	0.3	内邱镇的大良村、小留村2个行政村
3	邢台市南宫市	西丁片2014年度高标准农田建设项目	0.65	北胡街道办事处的小关村、侯家庄村；西丁街道办事处的西丁家庄、崔庄、西邓庄、西孟村、小赵庄、大赵庄8个行政村
		福燕粮油种植专业合作社2014年度高标准农田建设项目	0.2	福燕粮棉种植专业合作社
4	保定市容城县	容城县2014年度大河镇高标准农田建设项目	0.5	大河镇的大河村、东里村共2个行政村
5	廊坊市广阳区	广阳区2014年度高标准农田建设项目	0.5	万庄镇的大伍龙二村、李纪营、艾家务、齐家营、南街、朱场共6个行政村
6	石家庄市栾城区	2014年度柳林屯乡高标准农田建设项目	0.5	赵圈镇的胡堂、胡村、前铺、后铺、贡圈、曹圈和高圈共7个行政村
7	衡水市桃城区	桃城区2014年度高标准农田建设项目	0.6	柳林屯乡大任庄村、城郎村、北屯村、辛李庄村、张村、东牛村和圪塔头村共7个行政村
	合计	11个项目	6.59	47个项目村

2. 2015年度项目数据范围

2015年，河北省在全省范围内实施了高标准农田建设项目，共包括存量资金和增量资金两批项目。两批项目共计139个，治理面积 133.59 万亩（见表 5 – 3）。

表 5 – 3　　　　河北省 2015 年度高标准农田建设项目汇总

省、市	项目批次	任务量			
		项目个数（个）	治理面积（万亩）	其中：老项目区改造	
				项目个数（个）	治理面积（万亩）
全省	2015 存量	125	126.65	4	3.58
	2015 年第二批	14	7.94	1	0.50
	全年合计	139	133.59	5	4.08
石家庄	2015 存量	14	13.60	2	1.66
	2015 年第二批	0	0.00	0	0.00
	全年合计	14	13.60	2	1.66
唐山	2015 存量	8	9.96	0	0.00
	2015 年第二批	0	0.00	0	0.00
	全年合计	8	9.96		
秦皇岛	2015 存量	1	2.00		
	2015 年第二批	0	0.00	0	0.00
	全年合计	1	2.00		
邯郸	2015 存量	15	14.32		
	2015 年第二批	2	1.27		
	全年合计	17	15.59		
邢台	2015 存量	14	15.62	1	0.97
	2015 年第二批	1	0.50	1	0.50
	全年合计	15	16.12	2	1.47
保定	2015 存量	16	12.98		
	2015 年第二批	3	2.05		
	全年合计	19	15.03		

续表

省、市	项目批次	任务量			
		项目个数（个）	治理面积（万亩）	其中：老项目区改造	
				项目个数（个）	治理面积（万亩）
张家口	2015 存量	11	9.11		
	2015 年第二批	0	0.00		
	全年合计	11	9.11		
承德	2015 存量	5	5.88		
	2015 年第二批	1	0.33		
	全年合计	6	6.21		
沧州	2015 存量	19	15.42		
	2015 年第二批	3	1.50		
	全年合计	22	16.92		
廊坊	2015 存量	9	10.53		
	2015 年第二批	2	1.09		
	全年合计	11	11.62		
衡水	2015 存量	11	13.47	1	0.95
	2015 年第二批	2	1.20		
	全年合计	13	14.67	1	0.95
定州	2015 存量	1	1.04		
	2015 年第二批				
	全年合计	1	1.04		
辛集	2015 存量	1	1.21		
	2015 年第二批				
	全年合计	1	1.21		

本研究在全省范围内随机选取 12 个样本项目县进行调研，分别是唐山市丰润区、承德市丰宁县、张家口市涿鹿县、廊坊市三河市、保定市望都县和高阳县、沧州市泊头县和深泽县、衡水市冀州

市、邯郸市肥乡区和鸡泽县以及邢台市任县。

2015 年度 12 个样本项目县高标准农田建设项目总投资 15209 万元，其中财政投资 14802 万元（包括中央财政投资 10572 万元，省级财政配套 3752 万元，市县财政配套 478 万元）、自筹资金 407 万元（全部为投工投劳折资）；计划建设面积为 124920 亩，占 2015 年度河北省全部建设面积的 9.35%。

3. 2016 年度项目数据范围

河北省 2016 年度高标准农田建设项目涉及全省 11 个设区市及定州市、辛集市，有 117 个县分别承担了 140 个建设项目。项目投资总额共计 140293.64 万元，其中财政资金共计 138704 万元，治理面积共计 115.67 万亩（包括老项目区改造项目 11 个，治理面积 10.13 万亩）。其中，第一批存量资金项目 120 个，投资总额为 120695.64 万元（财政资金 119232 万元），治理面积 99.74 万亩；第二批增量资金项目 20 个，投资总额为 19598 万元（财政资金 19472 万元），治理面积 15.93 万亩。

本研究对 16 个样本项目县进行调研，具体包括张家口市宣化县、承德市兴隆县、秦皇岛市昌黎县、唐山市丰南区、廊坊霸州市、保定市安国县和蠡县、定州市、邯郸市肥乡区、邢台市南和县和宁晋县、石家庄高邑县和无极县、辛集市、衡水市武邑县和沧州市沧县。16 个样本项目县高标准农田建设项目计划总投资 20322.84 万元，其中财政投资 20065 万元（包括中央财政投资 14331 万元，省级财政配套 5089 万元，市县财政配套 645 万元）、自筹资金 257.84 万元

5.2　项目整体绩效分析

5.2.1　指标体系建立

本研究从项目产出数量和质量（高标准农田建设面积、田块

标准化、农田灌溉达标面积、农田排水达标面积、基础设施配套、道路通达度、农田林网、土层厚度、路面修筑、农田林网保存率和任务完成及时性等指标）、经济效益（新增粮食及其他作物产能）、社会效益（受益总人数、节约工时量）、生态效益（亩均节水量）、可持续影响（工程完好、工程利用、管护主体责任落实）以及受益群体满意度（受益乡村和受益群众满意度）等方面对河北省2014~2016年度高标准农田建设项目绩效情况进行了分析。具体指标体系见表5-4。

表5-4　河北省农业综合开发高标准农田项目评价指标体系

一级指标	评价指标			指标解释
	二级指标	三级指标	四级	
项目决策	科学选项	1. 规划符合性	规划科学规范	是否按当地政府和主管部门要求编制开发规划，申报项目是否符合规划
			符合规划	
		2. 项目审查		是否对申报项目进行实地考察，是否征求项目区群众意见，立项条件是否符合申报要求
项目管理	组织实施	3. 组织机构		机构是否健全、分工是否明确
		4. 管理制度		是否建立健全项目管理制度；是否严格执行相关项目管理制度
	资金到位	5. 到位率		实际到位/计划到位×100%
		6. 到位时效		资金是否及时到位；若未及时到位，是否影响项目进度
	资金管理	7. 资金使用		是否存在支出依据不合规、虚列项目支出的情况；是否存在截留、挤占、挪用项目资金情况；是否存在超标准开支情况
		8. 财务管理		资金管理、费用支出等制度是否健全，是否严格执行；会计核算是否规范

续表

评价指标				指标解释
一级指标	二级指标	三级指标	四级	指标解释
项目产出	产出数量	9. 高标准农田建设面积		单个项目平原区面积不低于 5000 亩，丘陵区不低于 2000 亩；或满足在同一小流域、同一灌区内选择面积相对较大的若干地块作为项目区的要求
		10. 农田灌溉达标面积		各项水源工程和输配水工程所控制的耕地面积达到设计灌溉保证率的要求
		11. 农田排水达标面积		各项排水工程所控制的耕地面积达到农田排涝设计标准
		12. 基础设施配套		建筑物配套完善，满足灌溉与排水系统水位、流量、泥沙处理、施工、运行、管理、生产的需要
		13. 道路通达度		生产道路直接通达耕作田块数占总田块数的比例，满足平原区应达到 100%，丘陵区应不低于 90% 的道路通达度。
		14. 农田林网		项目区内主要道路、沟渠、河流两侧，适时、适地、适树进行植树造林，长度达到适宜植树造林长度的 90% 以上。造林时应预留农机进出田间的作业通道。
	产出质量	15. 田块标准化		平原地区的田（地）块，要以有林道路或较大沟渠为基准形成格田；丘陵山区的 25 度以下坡耕地，要建成等高水平梯田，地面平整，并构成反坡
		16. 路面修筑		田间道路面宽度为 3～6 米，生产路路面宽度不宜超过 3 米（大型机械化作业区可适当放宽）；各种路面要满足设计标准、车辆载荷和质量寿命等要求
		17. 农田林网保存率		林网当年林木成活率宜达到 90%（含）以上，其中，年均降水量在 400 毫米以下地区，热带亚热带岩溶地区、干热（干旱）河谷等生态环境脆弱地带，成活率在 70% 以上（含）
	产出时效	18. 任务完成及时性		项目建设任务按计划批复规定时间完成情况
		19. 投入标准		亩均投入财政资金

续表

评价指标				指标解释
一级指标	二级指标	三级指标	四级	
项目效果	经济效益	20. 新增粮食和其他作物产能		经建设前后比较，某一种或多种作物在项目区内单位耕地上增加的粮食产能
	社会效益	21. 受益总人数		项目建设后，项目区内直接受益的人口总数量
	环境效益	22. 节水灌溉		新增节水灌溉面积是否达到设计要求
		23. 亩均节水面积		针对某一类型的灌溉措施，经建设前后比较，项目区亩均用水量的减小值
	可持续影响	24. 工程质量		各类渠道、排水沟和渠系建筑物、机耕路等工程的完好情况
		25. 工程利用		已建成工程利用情况
		26. 管护责任落实		项目竣工验收后，办理移交手续，与项目管护单位（一般为村级集体经济组织或项目区土地承包经营人）签署管护协议
	受益对象满意度	27. 受益乡村		项目建设后，受益乡村对项目建设的满意程度
		28. 受益群众		项目建设后，土地权益人对项目建设的满意程度

🌱 5.2.2　2014～2016 年度项目整体绩效比较

本研究根据上述绩效评价指标和评分标准，通过对河北省 2014～2016 年度各样本项目县材料进行审核和实地核对查验、入村、入户调查，运用综合评价法、问卷调查法、目标对比法、因素分析法等评价方法，分析得出 2014～2016 年度项目整体绩效情况。

1. 项目资金管理情况

通过对样本项目县农业综合开发会计凭证和账簿资料的审核，从财政资金到位率、资金支出和会计核算三个方面对项目的资金绩效进行评价。总体上来看，除了 2016 年因国家贫困县资金整合和雄安新区建设需要的政策影响因素外，河北省 2014～2016 年度样本县高标准农田项目财政资金能够足额、及时到位；项目资金使用符合项目资金管理规范要求；会计核算符合项目资金及财务等相关制度规定等。

但部分样本项目县也存在着会计核算审核签字不规范、会计凭证附件不全等现象。

2. 项目实施与管理情况

通过对规划符合性、项目审查、组织机构、管理制度 4 个方面的分析，从总体上看，河北省 2014～2016 年度各样本项目县能够以农业发展规划为依据，对申报项目进行实地考察，通过不同方式征求了项目区农户的意见，立项条件符合高标准农田项目申报要求，项目组织机构比较健全、分工明确，有关项目管理制度能得到有效执行。

但也存在部分样本项目县高标准农田建设项目未纳入该县的高标准农田项目建设规划区内、部分项目县未保留村民代表大会对项目表决决议的有关资料、部分项目县方田档案资料精确度不高等问题。

3. 项目产出和效果情况

河北省 2014～2016 年高标准农田建设项目完成了任务设计要求，建筑物配套完善，生产道路直接通达耕作田块数，改善了项目区道路、灌溉等农业生产基础条件，项目区植树造林长度达到适宜植树造林长度的 90% 以上，项目区内直接受益的人口总数量达到设计要求，受益乡镇、村干部和项目区农户对 2014～2016 年度样本县高标准农田建设项目比较满意。但在部分样本项目县也存在着诸如树木存活率不高、工程维护不好、项目管护责任落实不到位，以及因各项工程使用时间还不足一个种植周期，新增粮食产能未达到预期目标等情况。

从总体来看，各年度评价得分均为优秀，这也说明高标准农田建设项目管理规范、实施效果好。从各年度项目评分情况来看，尽管各年度资金、管理及效果等评价指标的分值有所变动但是可以根据各类指标的得分率进行比较分析。2015 年度和 2016 年度项目评价得分要低于 2014 年度项目评价得分，其主要原因是 2015 年和 2016 年度项目的新增粮食产量等效果指标得分率低于 2014 年度项目。

综上所述，河北省高标准农田建设项目的实施，极大地改善了项目区道路、灌溉等农业生产基础条件，提高了粮食及其他作物产能，达到了水源充足、电力有保障等目标，全面提升了农业综合生产能力；并实现了节水、节工等社会、生态效果，得到了项目区大部分受益群众的认可。但是，也存在树木存活率不高、部分工程有损坏现象、排水设施建设欠缺、部分项目区管护责任落实不到位等问题。

表 5 - 5　　　　河北省 2014 ~ 2016 年样本县高标准
农田项目绩效评价得分情况

项目年度	项目资金管理情况		项目实施与管理情况		项目产出与效果情况		合计
	总分	得分	总分	得分	总分	得分	
2014	20	19.76	30	29.48	50	49.71	97.96
2015	15	14.25	25	24.08	60	56.26	94.59
2016	14	13.72	16	15.10	70	65.92	94.74

5.2.3　2014 ~ 2016 年样本项目县绩效水平对比

1. 2014 年抽查各项目县绩效分析

2014 年度样本县项目整体实施情况优秀，最高分为 99.5 分、最低分为 97.8 分。其中项目产出和项目效果基本得到满分，主要不足在于项目节水效果未达到预期；部分样本项目县在项目管理制度执行上存在一定的不足，导致得分相对偏低。

表 5 – 6   **河北省 2014 年度高标准农田建设**

样本项目县绩效评价打分

指标	样本项目县得分							平均分
	巨鹿	内丘	南宫	桃城	广阳	容城	栾城	
项目管理	30	29.5	29.5	28.8	29.5	29	30	29.48
资金管理	19.2	19.6	20	20	20	20	19.5	19.76
项目产出	20	20	20	20	20	20	20	20
项目效果	30	30	29	29	30	30	30	29.71
合计	99.2	99.1	98.5	97.8	99.5	99	99.5	98.96

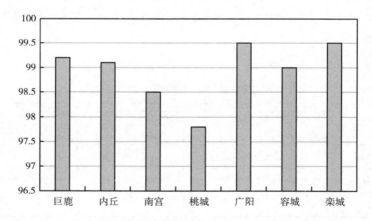

图 5 – 1   河北省 2014 年度高标准农田建设样本项目县绩效得分对比

2. 2015 年度样本项目县绩效分析

　　在对 2015 度项目绩效分析中，评价指标标准分进行了一定的调整，减少了项目管理和资金管理部分的标准分，增加了产出部分标准分，产出部分标准分为 35 分、效果部分标准分为 25 分。2015 年度样本项目绩效整体平均分为 94.59 分（最高分 96.4 分、最低分 90.2 分），得分低于 2014 年度项目得分，其中主要原因是亩均节水率和工程完好率等两个效果指标得分偏低。在样本项目县中，邯郸市肥乡区得分相对较低，其主要原因是资金使用进度缓慢，资金结余率较高。

表 5 - 7　　　　　河北省 2015 年度高标准农田建设
样本项目县绩效得分

指标	样本项目县得分												平均分
	泊头	肥乡	丰宁	丰润	高阳	鸡泽	冀州	任县	三河	深泽	望都	涿鹿	
项目管理	24	23	24	24	24	24	25	24	25	24	24	24	24.08
资金管理	15	10	13	15	15	14.5	14.5	14.5	15	15	15	14.5	14.25
项目产出	34	34	35	33	32	34	32	34	33	32.5	32	32.5	33.17
项目效果	21.6	23.2	23.5	23.2	24.2	22	22.4	23.9	23.1	21.4	24.6	24	23.09
合计	94.6	90.2	95.5	95.2	95.2	94.5	93.9	96.4	96.1	92.9	95.6	95	94.59

3. 2016 年度样本项目县绩效水平对比

在对 2016 度样本项目绩效分析中，对评价指标标准分做出进一步的调整，继续降低资金和项目管理的分值，提高了产出和效果的标准分值，其中产出指标标准分值达到了 40 分、效果指标分值达到了 30 分。

表 5 - 8　　　　　河北省 2016 年度高标准农田建设
样本项目县绩效得分

指标	各项目县得分															
	昌黎	高邑	南和	兴隆	安国	辛集	霸州	宁晋	武邑	无极	蠡县	丰南	肥乡	宣化	定州	沧县
项目决策	10	8	9	10	10	8	10	8	8	8	10	10	10	8	9	10
项目管理*	20	19.6	19.8	20	20	19.8	19.8	19.4	20	19.8	20	19.9	19.2	20	18.1	19.8

续表

指标	各项目县得分															
	昌黎	高邑	南和	兴隆	安国	辛集	霸州	宁晋	武邑	无极	蠡县	丰南	肥乡	宣化	定州	沧县
项目产出	40	40	38.83	36.5	39.3	39.72	39.98	39.07	37.63	39.86	39.92	38.89	39.63	34.75	38.87	34.03
项目效果	28.58	29.45	27.7	28.53	25.49	27.14	24.75	18.04	28.8	26.69	24.36	25.46	23.51	18.68	24.06	25.74
合计	98.58	97.05	95.33	95.03	94.79	94.66	94.53	94.51	94.43	94.34	94.28	94.25	92.34	91.43	90.03	89.57

注：＊表示包括资金管理部分标准分值 15 分。

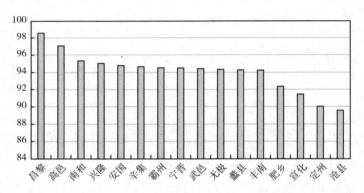

图 5-2　河北省 2016 年度高标准农田建设样本项目县绩效得分对比

5.3　项目资金情况分析

5.3.1　项目资金来源

河北省 2014～2016 年度高标准农田建设项目共投入资金 485940.04 万元，其中中央财政投资 318050.7 万元，占总投资的 67%；省级财政投资 111532.4 万元，占总投资的 24%；市级财政投资 9000.13 万元，占总投资的 2%；县级财政投资 5621 万元，占总投资的 1%；自筹资金 28578.79 万元占总投资的 6%（详见表5-9）。

表 5 - 9　　　　　河北省 2014～2016 年度高标准
农田建设实际投资汇总　　　　单位：万元

项目年度	投资总额	财政资金						自筹资金		
		合计	中央资金	地方资金				合计	投工投劳折资	整合资金
				小计	省级	地级	县级			
2014	174964.9	153089.5	109602.8	43486.7	38391.7	3232	1863	21875.4	20439.97	4017
2015	170681.5	165220.7	118156.9	47063.83	41970.7	3203.13	1890	5460.75	5048.86	857
2016	140293.64	138704	90291	35600	31170	2565	1868	1242.64		
合计	485940.04	457014.2	318050.7	126150.53	111532.4	9000.13	5621	28578.79		

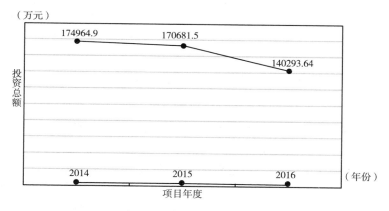

图 5 - 3　2014～2016 年度河北省高标准农田项目总投资趋势

由图 5 - 3 可以看出，2014～2016 年河北省高标准农田建设项目总投资呈递减趋势。但是，河北省高标准农田 2014～2016 年实际治理面积逐年上升，说明亩平均投资呈下降趋势。

由图 5 - 4 可以看出，项目总投资中来源于财政资金的比例较高，自筹资金只有 6% 且大多数是来源于投工投劳折资，这说明高标准农田建设项目主要依靠财政资金投入，对于社会资金撬动效果不明显。高标准建设项目一直面临着建设资金投入不足的问题，在财政资金有限的情况下，引导社会资金投入并获取合理的报酬成为目前解决高标准农田建设资金不足的首要措施。

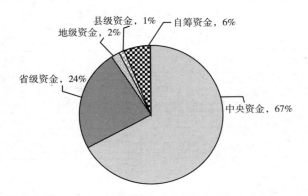

图 5 - 4　2014～2016 年度河北省高标准农田项目资金来源及比例

🌱 5.3.2　项目财政资金到位情况

项目资金及时到位是保障项目顺利实施的首要条件。

2014 年 7 个样本项目县高标准农田建设项目总资金投入 8810 万元，其中中央财政资金 5504 万元，省级财政资金 1977 万元，市级财政资金 226 万元，自筹资金 1103 万元（全部为群众投工投劳折资）。截至 2015 年 4 月，河北省 2014 年度样本项目各级财政资金已全部到位，自筹资金 1103 万元也全部到位，均为群众投工投劳折资。

2015 年 12 个样本项目县高标准农田建设项目总投资 15209 万元，其中财政投资 14802 万元（包括中央财政投资 10572 万元，省级财政配套 3752 万元，市县财政配套 478 万元），自筹资金 407 万元（全部为投工投劳折资）。截至 2016 年 7 月 31 日，样本项目财政资金全部到位，到位金额为 15302.64 万元，到位率为 100% 。

2016 年河北省 131 个高标准农田项目建设计划资金总额为 133061.64 万元，财政资金总计 131823 万元（包括中央财政资金 94320 万元，省级财政资金 32670 万元，市级财政资金 2676 万元，县级财政资金 2157 万元），项目自筹资金 1238.64 万元。截至

2017 年 7 月 31 日，项目财政资金到位率为 100%。16 个样本项目县高标准农田建设项目计划总投资 20322.84 万元，其中财政投资 20065 万元（包括中央财政投资 14331 万元，省级财政配套 5089 万元，市县财政配套 645 万元），自筹资金 257.84 万元。截至 2017 年 7 月 31 日，样本项目财政资金和自筹资金均已按计划投入到位（详见表 5 – 10）。

根据上述分析，高标准农田项目的各项资金均能够及时、足额到位，这也反映出高标准农田建设项目的制度完善、管理规范。

表 5 – 10　　　　　**河北省 2014 ~ 2016 年高标准农田**
建设样本项目资金到位情况　　单位：万元

项目年度	样本项目县	投资总额	财政投资						自筹	到位金额	财政资金到位率(%)
			小计	中央资金	地方资金						
					小计	省级	市县				
2014	7	8810	7707	5504	2203	1977	226		1103	8810	100
2015	12	15209	14802	10572	4230	3752	478		407	15302.64	100
2016	16	20314.84	19965	14331	5734	5089	645		257.84	20314.84	100

5.3.3 项目资金支出进度情况

项目资金支出进度情况反映了项目的实施进展情况以及项目单位的管理效率。高标准农田项目的绩效评价往往在项目实施次年的 7 ~ 8 月份开展，此时对于资金支出比例要求应达到 85% 以上。通过对 2015 年度、2016 年度样本项目县资金支出进度的分析，大部分项目能够达到资金支出进度要求，未达到资金支出进度要求的项目主要原因包括客观方面的特殊情况导致施工进度滞后以及主管管理方面的资金报账进度慢等。2015 年度、2016 年度项目具体资金支出进度详见表 5 – 11 和表 5 – 12。

表 5 – 11 河北省 2015 年样本县高标准农田
建设项目资金支出情况

样本县名称	实际支出金额（万元）	支出比例（%）
泊头	925	98.72
肥乡	712.16	51.98
丰宁	1050	98.61
鸡泽	1168.01	95.9
丰润	1149.09	96.96
高阳	559.41	85.95
望都	650.8	96.52
任县	2574.11	99
三河	1175.18	97.15
深泽	769.21	99.18
涿鹿	762.98	99.21
冀州	2541.5	97.75
合计	14037.45	93.24

2016 年度样本项目县中除肥乡县①外，其余 11 个样本项目县均达到了支出比例不小于 85% 的要求。肥乡县各项工程项目已顺利完工并通过验收，支出进度未达标的主要原因是报账进度慢。根据对样本项目县实际调研，查阅项目相关资金账簿，2016 年高标准农田项目资金支出整体比例较高，支出比例约为 91.16%，但仍有大量结余。由于项目绩效评估时沧县高标准农田项目还未完工，未进行资金支出报账（见表 5 – 12）。

---

① 肥乡县于 2016 年 9 月撤县设区。

表 5－12　　　　　河北省 2016 年度样本项目县高标准

农田项目资金实际支出

样本项目县名称		项目总投资（万元）	财政资金总额（万元）	实际支出（万元）	资金支出比率（%）	资金结余（万元）
肥乡		917.00	917	914.29	99.70	2.71
南和	第一批	632.00	602	583.05	92.25	48.95
	第二批	283.00	247	247.83	87.57	35.17
宁晋	第一批	960.00	946	905.77	94.35	54.23
	第二批	710.00	700	680.73	95.88	29.27
高邑		783.00	780	777.78	99.33	5.22
无极		922.18	910	898.66	97.45	23.52
辛集		2255.66	2240	2180.84	96.68	74.82
武邑		1270.00	1260	1154.16	90.88	115.84
沧县		1105.00	1085	0	0	
宣化		1150.00	1150	1034.77	89.98	115.23
兴隆		652.00	650	652.80	100.12	0
昌黎	第一批	1810.00	1795	1808.48	99.92	1.52
	第二批	809.00	801	811.35	100.29	0
丰南	第一批	917.00	865	874.75	95.39	42.25
	第二批	700.00	660	675.64	96.52	24.36
霸州		1235.00	1235	1209.62	97.95	25.38
安国		860.00	850	791.52	92.04	68.48
蠡县		1030.00	970	1029.47	99.95	0.54
定州		1314.00	1302	1288.12	98.03	25.89
合计		20314.84	19965	18519.60	91.16	1795.24

5.3.4　项目资金支出结构

根据《高标准农田建设标准》，高标准农田项目建设资金支出主要包括：水利措施支出、农业措施支出、田间道路支出、林业措施支出、科技措施支出、其他支出（工程管护费、管理费用等）几个方面。

通过对 2016 年度样本项目县高标准农田建设项目资金支出结构的分析，项目资金支出比例由高到低为：水利措施支出、田间道路支出、林业措施支出、农业措施支出、科技措施支出。由于大部分项目区农业措施为平整土地，所以农业措施支出部分资金主要来自农民投工投劳折资（如图 5-5 所示）。

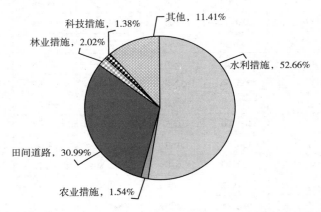

科技措施，1.38%　　　其他，11.41%

林业措施，2.02%

水利措施，52.66%

田间道路，30.99%

农业措施，1.54%

图 5-5　河北省 2016 年度样本县高标准农田项目资金支出结构情况

从数据看（见表 5-13），水利措施支出比例整体较高，约为 52.66%；科技措施支出比例较低，仅约占 1.38%。其中南和第一批、第二批，宁晋第二批，辛集、武邑、昌黎第一批、第二批，定州 8 个项目区科技措施支出甚至未达到 1%。林业措施支出方面，南和第一批，无极、宣化、兴隆、昌黎第二批，丰南第一批，霸州、定州 8 个项目区的林业措施支出比例远低于整体水平。

通过实地调研，部分地区存在资金支出结构不合理的问题，尤其是水利措施比例偏高。在项目区某村，村干部反映项目区农田内过度铺设防渗管道，存在过度开发的现象。

表 5 – 13　　　　河北省 2016 年度样本项目县高标准
农田建设项目资金支出结构

目标类型	计划投资		实际投资	
	计划投资金额 （万元）	占总投资比重 （%）	实际投资金额 （万元）	占总投资比重 （%）
水利措施	11559.51	56.90	10697.27	52.66
农业措施	102.09	0.50	312.17	1.54
田间道路	7290.76	35.89	6294.67	30.99
林业措施	425.59	2.09	411.23	2.02
科技措施	269.00	1.32	281.31	1.38
其他	—	—	2318.19	11.41

数据来源：河北省 2016 年度样本县高标准农田项目资金支出台账。

5.4　项目实施情况分析

项目实施情况主要反映项目管理单位的项目组织和管理效率。通过案卷研究、实地调查等方法从项目组织情况、项目管理情况等方面进行分析。

5.4.1　项目组织情况分析

1. 规划符合性

通过对样本项目县《十二五发展规划》《十三五发展规划》《高标准农田建设规划》等发展规划的分析，河北省 2014～2016年度高标准农田建设项目样本县都按项目审批程序进行了逐级审批，有河北省农发办下发的项目立项批复，立项条件符合高标准农田建设项目申报要求。

各样本县都制定了县农业综合开发土地治理项目十年规划

（2011~2020 年），均能够按规划分批次连片建设，进而实现项目连片开发建设的目标。

2. 项目审查

通过农户走访以及档案资料查看等方式，对各样本县申报项目是否进行实地考察、是否征求项目区群众意见、立项条件是否符合申报要求等内容进行了评价。

结果表明：2016 年的 16 个样本项目县 20 个项目中除高邑、无极、辛集、武邑、宣化、南和第一批、宁晋第一批、宁晋第二批项目无村民代表大会表决决议外，其余项目县能够在项目申报前期对拟建设的项目去进行实地考察，及时完成项目审查评价指标要求的各项工作。

3. 设计合理合规

经过对各样本县高标准农田建设项目可研报告、建设方案等资料的分析以及对抽查方田的现场勘查，大部分项目设计的泵站、灌排渠道工程等水利工程满足相关政策和项目区实际需要；修建的机耕路是当地提高农业生产基础条件所迫切需要解决的瓶颈问题；农田林网工程符合项目区实际需要。

由于河北省地处华北平原北部，属于温带大陆性季风气候，基本上"十年九旱"，水资源严重缺乏。这也使得部分样本县对于排涝工程的建设不重视。

4. 绩效目标

经过对项目可研报告等资料的查阅，各样本县在项目建设中设定了合理清晰的绩效目标，包括新增粮食和其他作物产能、受益总人数、节省工时量或节水量等指标。

由于部分项目可研报告中绩效指标的设置与国家高标准农田建设项目绩效评价指标存在着一定的差异，导致部分样本项目县绩效目标设置不全，建议在今后的可研报告编制中明确需要确定的绩效指标及指标跟踪方案。

5.4.2 项目管理情况分析

1. 组织机构

各样本项目县（区）在项目组织机构和管理人员的配备方式上，主要有以下三种：（1）设置独立的农业综合开发管理办公室；（2）高标准农田项目管理归并到扶贫与农业综合开发管理办公室；（3）财政局下设农开办的方式设置项目管理机构。无论采用哪种机构设置方式，各项目县均能够做到项目组织机构健全，分工明确。

各样本项目县项目档案资料比较齐全，档案管理较为规范；各项目县在项目立项时都进行了实地考察，并广泛征求项目区群众意见。各样本项目县都根据河北省农业综合开发管理相关规定建立了相应的项目管理制度，如项目立项审核制度、招标制度、项目公开制度等，并得到有效实施。

2. 管理制度（制度执行）

各样本项目县在项目管理中建立了一系列较为完善的制度体系，包括公开招投标制度、监理制度、资金管控制度等。在上述制度中，能够有效执行的内容包括：（1）公开招投标制度，各项目县全部按照《国家农业综合开发项目招投标暂行办法》组织实施工程招投标工作，科学划分标段，及时公开发布招标公告，经专家论证评标确定施工建设单位；（2）建立工程监理制度，通过工程监理制度的执行以确保工程质量；（3）建立严格的资金管理及报账制度，用财务制度保证资金的合理投入及专款专用。

省级绩效自评过程中也发现部分项目县对项目的过程管理不太严谨，存在一些疏忽等问题。

3. 项目档案

各样本项目县能够严格执行《河北省农业综合开发项目档案管理办法》的要求和标准。项目档案完整齐全、管理规范，有结余资金的说明和调整工程的说明，有项目施工设计文本及施工合同，施工单位与中标通知书中的单位名称一致，监理档案资料齐全，有单项工程验收资料。

5.5 项目产出情况分析

✤ 5.5.1 项目产出数量分析

1. 高标准农田建设面积

通过对各样本高标准农田项目区图纸进行复核，并且对项目区进行整体查看，对抽查的方田周围的道路长度进行实测，核实了方田面积，并与规划的项目区面积进行了比对，确认各样本项目区高标准农田实际建设面积与计划建设面积相同，达到了项目规划面积。

表5－14　　　　　　样本项目区抽样方田实际建设面

积与计划建设面积对比　　　　　　　单位：亩

项目年度	计划建设面积	实际建设面积
2014	9486	9486
2015	19280	19280
2016	21092	21092

2. 农田灌溉达标面积

在查阅项目设计文件、竣工验收技术文件和竣工图的基础之上，以抽查的方田为评价数据样本，将样本方田的设计数据与方田内的实际农田灌溉达标面积进行了比对，抽查的项目区高标准农田建设项目各项水源工程和输配水工程所控制的耕地面积大部分能够达到设计灌溉保证率的要求。

3. 农田排水达标面积

通过对所抽样方田的排水设备进行实地勘察，可以得出大部分项目区排水设施完好，排水面积达标，在 2015 年河北省大部分地区遭受洪灾的情况下发挥了重要作用。

由于河北省干旱少雨年份较多，出现洪涝灾害的年份远少于出现旱灾的年份，有的地市在项目建设时会忽略农田排水设计。部分项目县虽然设计了排水设施但未能达到计划排水面积。

4. 基础设施配套

在查阅相关设计文件规划的各类建筑物配套情况基础上，现场检查了各类建筑物的数量、质量及基础设施配套情况，结果表明：大部分项目区内建筑物配套完善，满足灌溉与排水系统水位、流量、泥沙处理、施工、运行、管理、生产的需要。

但是，仍有部分项目区存在着基础设施不配套的问题，例如某项目排水渠临田侧进水不畅，影响使用，配套设施不到位；水泵和电闸容量不匹配，影响水利工程使用；未设计作业通道，不能满足农户耕种需要等。

5. 道路通达度

通过查阅各项目竣工图等文件，结合对样本方田新建道路的实际查看，按照生产道路直接通达耕作田块数占总田块数的比例对该指标进行了评价。大部分样本项目的道路通达度达标，但也存在着个别样本方田道路不能直接通达耕作田块。

6. 农田林网

样本项目县均按照要求在主要道路、沟渠、河流两侧适时、适地、适树种进行植树造林，并且长度达到适宜植树造林长度的90%以上，只有个别样本项目县未达到农田林网的建设目标。问题包括：个别样本方田道路一旁没有进行植树；采用集中片林的种植方式完成农田林网建设，但片林集中种植在平整的农田中，不符合项目农田林网应在项目区主要道路、沟渠、河流两侧适地开展植树造林的要求。

🌱 5.5.2　项目产出质量分析

1.田块标准化

大多数样本项目区能严格按照实现农业机械化作业和田间管理的项目建设要求，以有林道路或较大沟渠为基准形成方田，达到了方田四周规整、田块平整、灌排畅通的项目建设标准，进而实现了能够满足田块标准化种植、规模化经营、机械化作业、节水节能等农业科技应用的绩效水平。

部分项目区未达到平原地区的田（地）块要以有林道路或较大沟渠为基准形成格田的建设要求。

2.路面修筑

通过对样本方田的路面进行测量和查验，整体而言，路面平坦、路边顺直，达到了"一直、二平、三成型"的设计标准。从"田间道路面宽度为 3～6 米，生产路路面宽度不宜超过 3 米（大型机械化作业区可适当放宽）；各种路面要满足设计标准、车辆载荷和质量寿命"等方面对项目区内的路面修筑情况进行了评价，整体而言，施工的数量、质量基本达到了可研设计要求。

部分样本方田内存在着道路实际宽度与计划建设宽度不符，无路边沟，路肩不明显，路面不平、不直，存在横向裂缝等问题。

3.农田林网保存率

有效的保存农田林网一直是高标准农田建设项目实施的难点。

通过对 2014 年度样本项目方田的实地盘点，大部分方田林木存活率高于 95％，实际完成与计划目标相符。

2015 年度的 12 个样本项目中只有 2 个项目当年林木成活率超过 85％，其余 10 个项目均低于 85％。

2016 年的 16 个样本项目县中，共有高邑、宣化、昌黎、丰南、霸州、安国、蠡县 8 个项目区当年农田林网成活率超过 85％，其余 8 个项目区当年农田林网成活率均低于 85％（如表 5－15、表 5－16 所示）。

表 5 – 15   2015 年度 12 个样本项目县抽查树木存活率统计

项目县	泊头	肥乡	丰宁	丰润	高阳	望都	鸡泽	冀州	任县	三河	深泽	涿鹿
农田林网保存率(%)	75	82.16	80.47	92	73	42.24	83	76	78.87	80	69.6	73.14

表 5 – 16   2016 年度 16 个样本项目县农田林网保存率统计

项目县	肥乡	南和	宁晋	高邑	无极	辛集	武邑	沧县	宣化	兴隆	昌黎	丰南	霸州	安国	蠡县	定州
农田林网保存率(%)	83.9	65.7	58.7	93.8	83.5	82.8	77.5	6.2	97.0	—	94.5	85.0	89	85.7	86.2	65.5

在实地调研过程中发现，部分项目县不能因时、因地种植农田林网，以及由于植树工程影响了林边农田的农作物产量，部分农户对于植树存在着一定的抵制情绪等是导致项目县农田林网保存率低的主要原因。

5.5.3 项目产出时效分析

为了及时发挥项目作用，要求项目的实际完工时间要与计划完工时间相符。通过对比分析，河北省 2014 年各样本项目均按时完工，具体情况如下：巨鹿县第一批项目计划完工时间为 2014 年 12 月，实际完工时间为 2014 年 12 月；第二批项目计划完工时间为 2015 年 4 月，实际完工时间为 2015 年 4 月。南宫市第一批项目计划完工时间为 2015 年 4 月，实际完工时间为 2015 年 4 月；第二批项目计划完工时间为 2015 年 4 月，实际完工时间为 2015 年 4 月。内丘县项目分为两期进行，第一期计划建设期限为 2014 年 4 月至 2015 年 4 月；第二期计划建设期限为 2014 年 8 月至 2015 年 4 月。截至 2015 年 4 月底，两期项目建设全部竣工，无工期拖延现象。桃城区项目计划完工时间为 2015 年 4 月，实际完工时间为 2015 年 4 月。容城县项目计划完工时间为 2015 年 4 月，实际完工时间为 2015 年 4 月。栾城县项目 2013 年 11 月正式立项，2014 年 5 月实施，计划建设期间为 1 年，实际完成时间为 2015 年 4 月底。广阳区项目 2013 年 11 月正式立项，2014 年 4 月实施，整个项目计划完成时间为 2015 年 4 月，实际完工时间为 2015 年 4 月。各项目均按期完成进度要求（如表 5 – 17 所示）。

表 5 – 17　　　　　　河北省 2014 年样本项目完工情况

抽查项目	巨鹿 1	巨鹿 2	南宫 1	南宫 2	内丘 1	内丘 2	桃城	容城	栾城	广阳
计划完工时间	2014 年 12 月	2015 年 4 月	2015 年 4 月	2015 年 4 月	2015 年 4 月	2015 年 4 月	2015 年 4 月	2015 年 4 月	2015 年 4 月	2015 年 4 月
实际完工时间	2014 年 12 月	2015 年 4 月	2015 年 4 月	2015 年 4 月	2015 年 4 月	2015 年 4 月	2015 年 4 月	2015 年 4 月	2015 年 4 月	2015 年 4 月
是否按时完工	是	是	是	是	是	是	是	是	是	是

2015 年度 12 个样本项目县第一批存量资金项目于 2015 年 4 月开始实施，第二批增量资金项目 2016 年 4 月已全部竣工。并于 2016 年 5 月底前，由各项目县或所在设区市农业综合开发办公室组织了项目验收，全部验收合格。项目建设任务按照计划批复规定时间内完成。

2016 年度 16 个样本项目县第一批存量资金项目于 2016 年 3 月开始实施，第二批增量资金项目于 2016 年 8 月开始实施，到 2017 年 7 月 31 日，除兴隆、沧县 2 个县部分报账未完成外，其余 14 个项目县均已全部竣工，并由各项目县或所在设区市农业综合开发办公室组织了项目验收，全部验收合格。

🌱 5.5.4　项目建设成本分析

项目的建设成本直接与项目的质量、功能和效果相关，农业综合开发类的高标准农田建设项目的亩均投资额较高，一般以亩均投入财政资金 1300 元为标准。通过对样本项目县投入财政资金总额与实际完成的高标准农田建设面积计算，在 2016 年的 16 个样本项目县中，两个项目县实际财政投入超出了标准数，但是超出部分有资金使用计划批复，其余样本项目县均未超出相关标准。各样本项目县亩均投入财政资金如表 5 – 18 所示。

表 5 – 18　2016 年度 16 个样本项目县亩均投入财政资金统计

样本项目县		宣化区	兴隆县	昌黎县		丰南区		霸州市	安国市	蠡县	定州市
				第一批	第二批	第一批	第二批				
亩均投入财政资金（元）	计划数	1300	1300	1300	1300	1300	1300	1300	1300	1300	1300
	实际数	1216.28	1195.52	1280.58	1271.43	1291.55	1272.73	1286.46	1075.79	989.8	1205.56

样本项目县		肥乡县	南和县	宁晋县		高邑县	无极县	辛集市	武邑县	沧县
				第一批	第二批					
亩均投入财政资金（元）	计划数	1300	1300	1300	1300	1300	1300	1300	1300	1300
	实际数	1206.58	1195.77	1112.94	1076.92	1305	1229.73	1294.8	1312.5	1299.87

5.6　项目效果分析

🌱5.6.1　经济效益分析

经济效益主要通过新增粮食及其他作物产能指标来反映。河北省是我国主要粮食作物——小麦的生产大省，因此，在绩效分析中选取小麦作为比较样本，在综合农户实地走访调查、项目区实际观测、科技措施测产报告、农学专家典型地块调查四条渠道获得数据的基础上，得出分析结论。

2014 年度样本项目大部分于 2015 年 4 月份完工，搜集数据时距完工日尚未满一年或未满一个完整的农业生产周期，主要农产品（玉米、小麦）的生产能力变化和农业总产值的变化尚不能科学的予以判断。但是根据农学专家对于项目区玉米长势的判断，结合受访农户对于 2013 年产量的描述，预计每亩平均提高玉米产量约 70 ~ 120 千克，达到了预定目标。例如，内丘县项目区预计小麦和玉米亩均增产分别为 97.8 千克和 103 千克左右，巨鹿县项目区预计小麦和玉米亩均增产分别为 84 千克和 104 千克左右，桃城区项目区预计小麦和玉米亩均增产分别达 60 千克和 70 千克左右。

2015 年度样本项目县大部分达到或超过了计划新增粮食产能。但是部分样本县，未能达到计划新增粮食产能，主要原因是可研报告所设计的新增粮食产能过高。2015 年度样本项目县新增产能统计情况如表 5 - 19 所示。

表 5 - 19　　　　某项目县高标准农田项目新增产能估算

	种植品种	莜麦	蔬菜	马铃薯
项目实施前	种植面积（亩）	5700	1000	1600
	亩产量（千克）	200	2000	2000
	总产量（万千克）	114	200	320
	市场价（元／千克）	3	1.2	1.2
	总产值（万元）	342	240	384
	亩成本（元）	160	1100	800
	总成本（万元）	91.2	110	128

续表

种植品种		莜麦	蔬菜	马铃薯
预计项目实施后	种植面积（亩）	4000	2300	2000
	亩产量（千克）	300	2500	2500
	总产量（万千克）	120	575	500
	市场价（元/千克）	3	1.2	1.2
	总产值（万元）	360	690	600
	亩成本（元）	210	1300	1000
	种植成本（万元）	84	299	200
项目实施新增产能	新增总产量（万千克）	6	375	180
	新增总产值（万元）	18	450	216
	种植成本（万元）	7.2	189	72
	新增总收入（万元）	10.8	261	154
	合计（万元）	425.8		
	项目区人数（人）	2718		
	人均增收（元）	1567		

在 2016 年度样本项目中，对经济效益测算综合了项目区科技措施测产报告、农户调查问卷及农学专家典型地块调查，结果表明大部分样本项目县达到或超过了计划新增粮食产能。部分样本项目县新增产能统计情况如表 5-20 所示。

项目建设的水利、农业、田间道路等措施，能够使粮食及其他作物的灌溉时间和灌溉用水量得到及时、有效的保证，在改善农业生产环境、增加粮食及其他作物产能方面发挥了重要作用。

表 5－20　　　　　2016 年度 16 个样本项目县计划与实际新增产能统计

单位：千克

样本项目县	肥乡县	南和县	宁晋县 第一批	宁晋县 第二批	高邑县	无极县	辛集市	武邑县	沧县	宣化区	兴隆县	昌黎县	丰南区	霸州市	安国市	蠡县	定州市
计划新增产能	144.09	150	125	140	60	150	161.85	75	150	135.79	60	228	234.5	325	139.77	145	148.28
实际新增产能	54.41	98.59	85.59	110	112.5	82.14	98.21	75	82.14	220.84	65.69	161.59	50	129.33	45	44	92

5.6.2 社会效益

社会效益主要通过受益总人数来反映。

2015 年度 12 个样本项目受益总人数达到 86499 人，通过对 12 个项目县 33 个受益村庄的调查，计划受益人数与实际受益人数一致。各地市受益总人数见表 5－21。

2016 年度 16 个样本项目受益总人数达到 86499 人，通过对 16 个项目县 37 个受益村庄的调查，计划受益人数与实际受益人数一致。各地市受益总人数见表 5－22。

表 5－21　　　　　2015 年度样本项目县受益人数统计

样本项目县	泊头	肥乡	丰宁	丰润	高阳	望都	鸡泽	冀州	任县	三河	深泽	涿鹿
受益人数（人）	2601	7695	2718	4848	5085	4928	14989	6907	22600	5995	3949	4184

表 5－22　　　　　2016 年度样本项目县受益人数统计

样本项目县	肥乡	南和	宁晋	高邑	无极	辛集	武邑	沧县	定州
计划受益人数	2100	6281	9140	6200	5160	5299	5609	3100	11670
实际受益人数	3342	6281	9140	6200	5160	5299	5609	3100	11670
是否完成绩效目标	是	是	是	是	是	是	是	是	是

项目县	宣化	兴隆	昌黎		丰南		霸州	安国	蠡县
			第一批	第二批	第一批	第二批			
计划受益人数	4493	118	4812	4042	1721	1380	8135	4706	8150
实际受益人数	4493	118	4812	4042	1721	1380	8135	4706	8150
是否完成绩效目标	是	是	是		是		是	是	是

5.6.3 生态效益

生态效益主要通过亩均节水量指标来反映。

选取"每亩小麦单次灌溉用水量"为比较样本，以对样本项目县实际观测和农户实地走访调查所得数据为基础，并聘请水利专家对灌溉技术指标进行了分析，得出以下评价结论：项目建设的水利设施改变了原有落后的灌溉方式，缩短了灌溉时间，减少了大水漫灌造成的水资源流失，灌溉水的有效利用率大幅度增强。

通过水利专家对灌溉技术指标的分析，并结合现场问卷调查和实际观测，亩均单次灌溉节水量在 5～12 立方米，按照小麦、玉米种植共需灌溉 5 次计算，亩均年节水量为 25～60 立方米。实地调研发现 2015 年度的 12 个样本项目平均每亩年节水均在 40 立方米左右，节水效果十分明显。鸡泽、三河、深泽县该指标未达标的主要原因是项目计划节水量过大。2016 年度的 16 个样本项目县除宣化、兴隆、昌黎、丰南四县外，其余 13 个项目县均未达到计划亩均节水目标。2016 年各样本项目县计划及实际亩均节水量如表 5 -23 所示。

表 5 -23　　　　　2016 年度 16 个样本项目县亩均
节水量计划数与实际数统计

| 项目县 | 宣化区 | 兴隆县 | 昌黎县 | | 丰南区 | | 霸州市 | 安国市 | 蠡县 | 定州市 |
			第一批	第二批	第一批	第二批				
计划节水量（吨）	30.04	30	60	64	24.66	19.89	40.6	48.25	54.3	38.68
实际节水量（吨）	30.04	30	1	64	24.66	19.89	38.5	10.9	11	1
是否完成绩效目标	是	是	否	是	是	是	否	否	否	否

| 项目县 | 肥乡县 | 南和县 | 宁晋县 | | 高邑县 | 无极县 | 辛集市 | 武邑县 | 沧县 |
			第一批	第二批					
计划节水量（吨）	65.1	40.81	36.71	51.23	54.42	48.26	44.41	48.26	18
实际节水量（吨）	1.73	24.17	14.83	18	30	16.7	9.214	16.7	0
是否完成绩效目标	否	否	否	否	否	否	否	否	否

在项目区调研中，也对该项指标进行了横向对比，并与项目实施前进行了对比，农户普遍反映，项目区与非项目区相比以及项目实施前后对比，在同等灌溉条件下，亩均节水还是比较明显的。

🌿 5.6.4　可持续性影响

可持续性影响主要通过工程质量、工程利用和管护主体责任落实3个指标来反映。

1. 工程质量

通过查看项目验收报告及现场观察，对各项工程完好情况进行了分析评价。评价结果显示项目区内大部分工程完好，有部分项目存在少量工程损坏的现象。

2014年度样本项目后续运行及成效发挥对当地农业生产可持续利用没有不利影响。但是，部分项目区由于水井数量少，农户灌溉不及时，有些地块农作物干旱严重。

2015年和2016年度样本项目整体质量良好，但也存在少量工程质量问题，具体如表5-24所示。

表5-24　　　河北省2015~2016年高标准农田建设项目工程质量情况核查一览

项目年度	工程存在问题
2015	（1）某方田中2号扬水站临河而建，现泵房临近河道一侧散水台已出现裂缝，管道下方混凝土衬砌基础出现水土流失现象，局部被掏空； （2）某方田内有2个出水口损坏，有1个出水口无保护装置； （3）某方田临路设置的出水口保护装置有4个出现损坏，涵洞路面出现冲蚀，涵洞和路连接处出现水土流失，部分基土被掏空
2016	（1）样本方田内的作业通道、路面路肩等存在损坏； （2）项目区内的水泥路面存在横向裂缝； （3）防护林树高与株距均没有达到项目设计要求； （4）出水口有不同程度的毁损或无保护装置。

2. 工程利用

通过对项目方田的抽查，大部分工程得到了有效的利用，其中问题主要集中在以下几个方面：（1）由于配套设施或设备不完善导致的设备限制，例如某项目部分设施闲置未用，主要原因是地表水源工程尚在建设中，导致与之配套的 2545 米疏浚渠道、1400 米建地涵、2 座小型蓄水坑塘闲置未用；（2）由于建设内容与当地实际情况不符导致的限制，例如某项目区内部分土地所种植农作物需水量较小，而当地水量丰富，因此导致部分灌溉设施闲置等。

3. 管护主体责任落实

通过审查，大部分项目竣工验收后，办理了移交手续，并与项目管护单位签署了管护合同，明确了管护责任。但是，部分项目存在着管护合同中没有明确责任主体及管护主体责任落实不到位的情况。这些问题也间接导致了部分项目区树木存活率不高、部分工程损坏的结果。

5.6.5 受益对象满意度

受益对象满意度主要通过受益乡村和受益群众指标来反映。

1. 受益乡村

根据调查问卷中的统计数据，河北省 2015 年度高标准农田建设项目受益乡村总体满意度为 100%。但是，从分项实施效果来看，只有 75.76% 的受访者认为林业措施效果良好，有 83.33% 的受访者认为科技措施效果良好，100% 的受访者认为水利措施效果良好（详见表 5 – 25）。

表 5 – 25　2015 年样本项目县受益群众满意度指标分项统计

样本项目县（个）	行政村（个）	问卷总数（份）	项目改善生产条件的效果满意度（%）	项目在作物增产方面满意度（%）	项目在改善生态环境方面满意度（%）	项目总体满意度（%）
12	33	403	96.00	86.00	84.00	86.75

河北省 2016 年度高标准农田建设项目受益乡村总体满意度为 100%。但是，从分项实施效果来看，只有 72.97% 的受访者认为

林业措施效果良好，有 70.27% 的受访者认为科技措施效果良好，94.59% 的受访者认为水利措施效果良好（见表 5 - 26）。

表 5 - 26　　　　　　**2016 年度样本项目县受益群众满意度**

指标分项统计

样本项目县（个）	行政村（个）	问卷总数（份）	项目改善生产条件的效果满意度（%）	项目在作物增产方面满意度（%）	项目在改善生态环境方面满意度（%）	项目总体满意度（%）
16	40	535	89.53	75.7	82.43	83.74

2. 受益群众

针对 2015 年度项目，采用集中填写、个别访谈和随机入户等方式收集了 33 个行政村的 403 份有效调查问卷。从全部问卷总体满意度来看，受益群众满意度达到了 86.7%，这说明高标准农田建设项目的实施得到了绝大多数受益群众的认可。但是，部分样本项目县受益群众满意度没有达到 85% 的要求。从分项角度来看，受益群众对于改善生态环境的满意度较低，这说明部分地区生态措施效果尚不明显。

针对 2016 年度项目，采用集中填写、个别访谈和随机入户等方式收集了 40 个行政村的 535 份有效调查问卷。从全部问卷总体满意度来看，受益群众满意度达到了 83.74%，这说明高标准农田建设项目的实施得到了绝大多数受益群众的认可。但是，有部分项目县受益群众满意度没有达到 85% 的要求。

调研结果显示，农户满意度较低的县多数都是在高标准农田建设过程中配套执行了其他相关政策，部分农户不适应新政策的调整出现不满意的情况。如丰南区项目区水渠工程建设后配套开展了村内农户土地重新划分的政策，部分农户因对土地政策不满意而影响到对项目的满意度；还有部分地区是因项目实施后配套改革了用水管理制度，水费有所提高，农户因对水费管理不满意而影响到对项目的满意度；还有部分农户是因对村干部有意见而影响到对项目的满意度。受益群众满意度计算如表 5 – 27、表 5 – 28 所示。

表 5 – 27　　　　　2015 年样本项目县受益群众满意度调查

项目县	泊头	肥乡	丰宁	丰润	高阳	望都	鸡泽	冀州	任县	三河	深泽	涿鹿
受益群众满意度（%）	80.64	82	90.32	87	85.29	90.7	83.3	85.29	94.29	90.32	77.42	90

表 5 – 28　　　　　2016 年样本项目县受益群众满意度一览

项目县	宣化	兴隆	昌黎	丰南	霸州	安国	蠡县	定州	高邑	无极	肥乡	辛集	武邑	沧县	南和	宁晋
满意度（%）	77.7	72	89.36	70.49	73.33	82.86	81.82	90.91	96.67	96.67	83.33	93.33	90	90	86.67	86.20

5.7　存在的问题

通过对样本项目县高标准农田建设项目进行的实地调研，发现了一些需要进一步完善的问题。

1. 项目管理方面

（1）管理人员流动性大，部分人员对项目管理政策不太熟悉。在项目管理机构和人员的设置方式上，霸州、沧县设置了独立的农业综合开发管理办公室；兴隆、宣化、肥乡、南和、武邑 5 个县的项目管理归并到扶贫与农业综合开发管理办公室；其余县市采用财政局下设农开办的方式设置项目管理机构。在抽查的 16 个项目县中，都普遍暴露出项目管理人员流动性大、职位变动频繁、管理高标准农田项目的人员新手较多。此外，一些项目区为贫困县的，除了项目资金被整合到扶贫工作外，部分人员也被抽去做扶贫工作，存在高标准农田项目管理人员数量不足的问题，也在一定程度上影响项目的高质量运行和管理。

（2）资料档案有待规范。部分项目财务核算存在不规范的现象，尤其是在管理费用方面，如原始凭证不合规、报账资料不齐全、遗漏签字盖章等；另外，约有 50% 的项目县在方田档案、工程图等档案资料内容上存在着错误，资料管理的规范性、准确性有待提高。

2. 项目产出方面

（1）农田林网成活率低。大部分地区没能达到85%成活率的要求，部分地区由于工期延后，在错过最佳植树季节的情况下未及时申请调整或延期，为了工程完工，在不适宜植树的季节植树，导致成活率低。

（2）科技措施示范带动效果不明显。大多数县科技措施选择缺乏对该县产业发展的综合考虑，且没有连贯性，导致带动性不明显，示范推广作用一般，科技推广项目整体效果不佳。

3. 项目效果方面

（1）农民增收效果有待进一步提高。项目建设的水利、农业、田间道路等措施，能够使粮食及其他作物的灌溉时间和灌溉用水量得到及时、有效的保证，在改善农业生产环境、增加粮食及其他作物产能方面发挥了重要作用。但是项目区仍以大田作物种植为主，在改善农业种植结构方面效果不显著，在传统农产品价格持续走低的情况下，导致农民增收效果一般。

（2）后期管护责任落实难度较大。后期管护是确保高标准农田建设项目综合效益长期发挥的保证。现场评价的已完工项目，由农发部门与项目所在乡镇办理了资产移交，签订了管护协议，从形式上明确了项目后期管护责任和义务，但移交资产内容和价值不够清晰，管护协议较为笼统，虽然明确以乡镇为管护主体，但管护责任并未具体落实到一线，"重建设、轻管护"现象仍然存在。现场查勘发现，到田到户的沟渠、水井等由农户自发管护，公共道路、林木、桥梁等往往易于毁损。现场评价中，多数乡镇反映受自身财力所限，后续管护经费还缺乏来源。与此同时，由于项目资产和管护责任已移交，农发部门按照财政资金1%比例提取的工程管护费，基本没有发生支出，资金效益难以体现。

6 基于 DEA 模型的河北省高标准农田建设项目绩效分析

本章选取了 2014～2016 年河北省高标准农田抽查项目区为研究样本，构建了河北省高标准农田项目绩效分析框架，将非参数 DEA 模型和参数 SFA 模型相结合对河北省高标准农田项目资金使用效率进行测算。同时运用上述两种方法进行评价，可以实现非参数方法和参数方法的优势互补，增强评价结果的可信度和稳健性。

6.1 样本选择与数据来源

6.1.1 样本选择

本书的研究对象是河北省高标准农田建设项目的效率，鉴于数据的可得性，选取 2014～2016 年度河北省高标准农田项目样本项目区资金使用情况进行测算。样本县均匀覆盖河北省由南至北、由东向西所有县市，以期所得结果全面并具有科学性。对于样本选择有以下几点需要说明。

（1）雄安新区所辖县不在样本范围内。由于受到国家设立雄安新区的影响，样本数据不包含保定市雄县、安新、容城以及顺平四县。

（2）财政涉农资金统筹使用的贫困县不在样本范围内。依据《关于支持贫困县统筹使用财政涉农资金试点的实施意见》（冀政办发［2016］21 号）档要求，保定市顺平县、邢台市威县、新河县、临西县将已批复的 2016 年度高标准农田建设项目财政资金整合后统筹安排使用，故上述四县不予考虑。

（3）建设模式创新试点项目，以及现代农业园区高标项目不在样本范围内。

（4）没完工的项目区不在样本范围内。

6.1.2 数据来源

本研究数据来自 2015～2017 年对河北省农业综合开发高标准农田 2014～2016 年项目实施地区进行的绩效评价调研，调研针对项目资金来源、到位情况、支出结构、使用效果等方面开展。本书采用实地调研数据，为使数据具有代表性并具有参考价值，收集了有关项目实施的可研报告、资金收支明细、竣工决算表等一手资料；每个项目区选取 30 个农户进行入户访谈；以河北省高标项目 2014～2016 年三年的资金投入数据为依据（见表 6-1），对资金效率进行评价。

表 6-1 **2014～2016 年河北省高标准农田建设资金投资情况** 单位：万元

项目年度	投资总额	财政资金	所占比例（%）	自筹资金	所占比例（%）
2014	174964.9	153089.5	87.50	21875.4	12.50
2015	170681.5	165220.7	96.80	5460.75	3.20
2016	127421.64	126183.00	99.03	1238.64	0.97

数据来源：调研数据。

6.2 指标体系建立及数据说明

6.2.1 指标选取

根据《高标准农田建设通则》，投入指标反映财政资金投入数量和结构，因此选取的投入变量为各县水利措施支出 X_1、田间道路支出 X_2、林业措施支出 X_3、科技措施支出 X_4。由于河北省大多数项目区农业措施投入为平整农田、植树等投工投劳折资，故投入指标将农业措施投入剔除。

众所周知，农业发展是一个极为复杂的系统工程，涉及经济效益、生态效益以及社会效益。因此，本研究对河北省高标准农田建设项目的绩效评价兼顾经济效益、社会效益、生态效益三个方面，选取的产出变量为项目区新增作物产量 Y_1（折算为小麦产值进行测算）、受益群众满意度 Y_2、省工效益 Y_3、节水效益 Y_4。

经过实地调研，参照高标准农田项目评价细则并且按照各指标所占权重进行专家打分，该分数综合经济效益、社会效益、生态效益三方面，系统全面地体现了项目产出，所以在 SFA 模型中产出指标用各项目区实施效果专家打分分数表示项目整体产出效果（如表 6 – 2 所示）。

表 6 – 2 模型投入、产出指标体系建立

类型	变量名称	具体指标
投入指标	水利措施（万元）	
	田间道路支出（万元）	
	林业措施（万元）	
	科技措施（万元）	
产出指标	经济效益　新增作物产量（千克/亩）	对于抽查各县，采用实地调研数据；未抽查各县根据各县科技措施测产报告或可研报告计划新增产量，参照抽查所得作物实际增产与计划增产比例相乘得出
	社会效益　受益群众满意度（%）	未调研项目县参照可研与其他各县平均水平
	省工效益（小时/亩）	
	生态效益　节水效益（m³/亩）	

🌸 **6.2.2　数据说明**

本书的数据主要来源于 2014～2016 年度河北省高标准农田项

目各样本项目县可行性研究报告、自评报告，河北省高标准农田建设项目绩效评价报告以及实地调研问卷，部分缺失数据根据前后几年的平均水平进行补充、修正。

6.3　实证结果分析

借助 Deap2.1 和 Frontier4.1 软件，分别得到 DEA 和 SFA 方法测算技术效率结果。

1. SFA 模型分析结果

随机前沿生产函数分析结果如表 6-3 所示：$\gamma = 0.649$，表明资金使用无效率项占 64.9%，γ 值在 5% 水平下显著，表明该面板数据适合运用 SFA 方法进行评估。衰减系数 $\eta = -0.522$。β_1，β_2，β_3，β_4 均通过了显著性检验，其中，$\beta_1 = 0.139$ 说明水利措施投入每增加 1%，会带来资金使用效率无效增加 0.139%；$\beta_3 = 0.124$，说明林业措施支出每增加 1%，会使资金使用效率降低 0.124%；$\beta_2 = -0.175$，说明田间道路支出每增加 1%，会带来资金使用有效增加 0.175%；同样，$\beta_4 = -0.602$，说明科技措施支出每增加 1%，会带来资金使用有效增加 0.602%。综上可以看出，科技措施的投入产出弹性要大大高于水利措施和林业措施的投入产出弹性之和，前者是后者的两倍左右。这一方面说明科技措施支出加大对资金使用效率的提高具有推动作用，另一方面也可能反映出资金支出结构存在不合理的问题。

从表 6-4 可以看出，SFA 测度结果（算术平均值）明显高于 DEA 评价结果，这种差异不仅来源于参数方法与非参数方法在生产前沿面构建、距离函数模型和运用统计方法的不同，更重要的是 SFA 考虑了影响技术效率的随机因素，DEA 侧重分析不同地区的相对技术效率水平，导致两种方法估计结果的显著不同。

表 6 - 3   2014 ~ 2016 年度面板数据最小二乘法估计结果

	估计值	标准差	T 检验
β_0	0.948	0.751	0.126
β_1	0.127	0.131	0.971
β_2	-0.185	0.231	-0.801
β_3	0.356	0.124	0.288
β_4	-0.734	0.213	-0.344
σ^2	0.508		

log likelihood function = -0.866

表 6 - 4   2014 ~ 2016 年度面板数据最大似然估计结果

	估计值	标准差	T 检验
β_0	0.957	0.596	0.160
β_1	0.139	0.102	0.137
β_2	-0.175	0.212	-0.826
β_3	0.124	0.116	0.107
β_4	-0.602	0.197	-0.305
σ^2	0.105	0.994	0.106
γ	0.649	0.412	0.157
η	-0.522	0.105	-0.498

log likelihood function = -0.863
LR test （单边扰动项）= 0.628

注：*、**、*** 分别表示在 10%、5%、1% 的显著性水平下通过了假设检验。对无效率项的估计模型中，各个系数表示各个变量对无效率项的影响，负的变量系数表示对效率存在正向的影响。

表 6 – 5   2016 年度河北省高标准农田项目样本项目资金使用

效率（SFA 模型与 DEA 模型对比）

DMU	SFA 技术效率值		DEA 产出导向模型			DEA 投入导向模型			综合效率
	BC (92)	BC (95)	纯技术效率	规模效率	规模收益	纯技术效率	规模效率	规模收益	
肥乡	0.936	0.926	0.870	0.338	递减	0.298	0.989	递增	0.294
南和 1 *	0.968	0.965	1.000	1.000	不变	1.000	1.000	不变	1.000
南和 2	0.968	0.968	1.000	1.000	不变	1.000	1.000	不变	1.000
宁晋 1	0.962	0.947	0.920	0.678	递减	0.625	0.999	递增	0.625
宁晋 2	0.940	0.918	0.971	0.754	递减	0.778	0.941	递减	0.732
高邑	0.994	0.991	1.000	0.906	递减	1.000	0.906	递减	0.906
无极	0.975	0.979	1.000	0.529	递减	1.000	0.529	递减	0.529
辛集	0.979	0.978	0.965	0.136	递减	0.440	0.299	递减	0.132
武邑	0.952	0.939	0.995	0.345	递减	0.737	0.466	递减	0.344
沧县	0.932	0.943	0.935	0.448	递减	0.631	0.664	递减	0.419
宣化	0.975	0.998	1.000	1.000	不变	1.000	1.000	不变	1.000
兴隆	0.987	1.000	1.000	1.000	不变	1.000	1.000	不变	1.000
昌黎 1	0.991	0.960	1.000	0.544	递减	0.734	0.741	递减	0.544
昌黎 2	0.999	0.995	1.000	1.000	不变	1.000	1.000	不变	1.000
丰南 1	0.951	0.925	1.000	1.000	不变	1.000	1.000	不变	1.000
丰南 2	0.969	0.975	0.789	0.809	递减	0.657	0.972	递增	0.638
霸州	0.986	0.994	1.000	0.787	递减	1.000	0.787	递减	0.787
安国	0.983	0.991	0.888	0.616	递减	0.551	0.993	递增	0.548
蠡县	0.974	0.976	0.863	0.455	递减	0.396	0.991	递增	0.392
定州	0.927	0.926	0.953	0.253	递减	0.484	0.499	递减	0.241
平均值	0.967	0.965	0.957	0.680		0.767	0.839		0.657

*：“南和 1”指的是南和县 2016 年度第一批项目，“南和 2”指的是南和县 2016 年度第二批项目，下同。

表6-6　　**2015年度河北省高标准农田项目样本项目县资金**
使用效率（SFA模型与DEA模型对比）

DMU	SFA 技术效率值	DEA 产出导向模型			DEA 投入导向模型			综合效率
		纯技术效率	规模效率	规模收益	纯技术效率	规模效率	规模收益	
泊头	0.987	1.000	1.000	不变	1.000	1.000	不变	1.000
肥乡	0.966	0.891	0.396	递减	0.363	0.973	递增	0.353
鸡泽	0.991	0.899	0.978	递减	0.895	0.982	递增	0.879
丰宁	0.995	1.000	0.774	递减	1.000	0.774	递减	0.774
丰润	0.992	1.000	1.000	不变	1.000	1.000	不变	1.000
高阳	0.987	1.000	1.000	不变	1.000	1.000	不变	1.000
望都	0.981	1.000	1.000	不变	1.000	1.000	不变	1.000
冀州	0.992	1.000	0.518	递减	1.000	0.518	递减	0.518
任县	0.995	1.000	0.613	递减	1.000	0.613	递减	0.613
三河	0.973	1.000	1.000	不变	1.000	1.000	不变	1.000
深泽	0.991	0.829	0.859	递减	0.775	0.919	递增	0.712
涿鹿	0.995	1.000	1.000	不变	1.000	1.000	不变	1.000
万全	0.989	1.000	1.000	不变	1.000	1.000	不变	1.000
深州	0.992	0.958	0.662	递减	0.718	0.883	递减	0.634
正定	0.991	1.000	1.000	不变	1.000	1.000	不变	1.000
乐亭	0.988	1.000	0.630	递减	1.000	0.630	递减	0.630
无极	0.990	1.000	1.000	不变	1.000	1.000	不变	1.000
元氏	0.990	1.000	0.468	递减	1.000	0.468	递增	0.468
滦南	0.989	1.000	0.566	递减	1.000	0.566	递减	0.566
河间	0.990	1.000	1.000	不变	1.000	1.000	不变	1.000
平均值	0.988	0.979	0.823		0.938	0.866		0.807

表 6 - 7　**2014 年度河北省高标准农田项目样本项目县资金使用效率（SFA 模型与 DEA 模型对比）**

DMU	SFA 技术效率值	DEA 产出导向模型			DEA 投入导向模型			综合效率
		纯技术效率	规模效率	规模收益	纯技术效率	规模效率	规模收益	
桃城	0.998	1.000	1.000	不变	1.000	1.000	不变	1.000
巨鹿	0.997	1.000	0.253	递减	1.000	0.253	递减	0.253
内丘	0.996	1.000	0.780	递减	1.000	0.780	递减	0.780
南宫	0.993	0.541	1.000	不变	1.000	0.541	递减	0.541
容城	0.996	1.000	1.000	不变	1.000	1.000	不变	1.000
广阳	0.994	1.000	1.000	不变	1.000	1.000	不变	1.000
栾城	0.991	1.000	1.000	不变	1.000	1.000	不变	1.000
安国	0.996	0.822	0.954	递增	0.950	0.826	递减	0.784
徐水	0.987	0.926	0.890	递减	0.988	0.834	递减	0.824
冀州	0.994	0.185	0.970	递增	0.970	0.185	递减	0.180
深州	0.997	1.000	1.000	不变	1.000	1.000	不变	1.000
正定	0.990	0.449	0.987	递增	0.960	0.462	递减	0.444
鹿泉	0.980	1.000	1.000	不变	1.000	1.000	不变	1.000
邯郸	0.997	0.517	0.963	递增	0.900	0.553	递减	0.497
平均值	0.993	0.817	0.914		0.983	0.745		0.736

2. 目标值及松弛改进

根据 DEA 和 SFA 模型分别对河北省高标准农田项目的效率值进行测算，得出存在无效率的空间，根据效率值测算结果对投入产出值得出不足或冗余的改进值。对于无效 DMU 来说，其改进方向是减少投入，或者增加产出，因此，在表 6 - 8、表 6 - 9 的分析结果中，投入的松弛改进值用负数表示，产出的松弛改进值用正数表示（以 2016 年资金为例）。

表6-8 　　　　　　2014～2016年度河北省高标准农田
项目平均资金使用效率对比

项目年度	SFA模型技术效率	DEA综合效率	产出导向模型		投入导向模型	
			纯技术效率	规模效率	纯技术效率	规模效率
2014	0.993	0.736	0.983	0.745	0.817	0.914
2015	0.988	0.807	0.979	0.823	0.938	0.866
2016	0.967	0.657	0.957	0.680	0.767	0.839

表6-9 　　　　2016年河北省高标准农田资金使用效率值与
松弛变量（SBM）

DMU	效率值	投入导向VRS							
		水利措施		田间道路支出		林业措施		科技措施	
		松弛变量	目标值	松弛变量	目标值	松弛变量	目标值	松弛变量	目标值
肥乡	0.177	-316.48	134.06	-275.68	91.11	-46.77	4.98	-14.00	1.00
宁晋1	0.340	-389.90	231.38	-89.23	148.98	-19.17	7.43	-16.93	1.50
宁晋2	0.561	-159.57	258.72	-48.20	169.69	-33.67	8.25	-0.70	1.30
辛集	0.335	-655.69	440.71	-637.24	270.46	-46.44	8.58	-10.35	9.65
武邑	0.639	-162.74	469.55	-136.63	309.66	-22.23	13.44	-0.77	2.23
沧县	0.461	-308.54	267.71	-281.00	166.87	-3.54	6.06	-9.34	5.66
昌黎1	0.399	-548.52	463.23	-112.09	308.81	-27.41	13.94	-14.00	1.00
丰南2	0.474	-121.03	231.38	-149.17	148.98	-5.51	7.43	-7.50	1.50
安国	0.377	-188.29	231.38	-166.40	148.98	-10.71	7.43	-18.50	1.50
蠡县	0.297	-353.17	231.38	-231.16	148.98	-15.32	7.43	-18.46	1.50
定州	0.429	-403.57	317.58	-294.51	197.01	-13.18	6.84	-5.91	6.71

续表

DMU	效率值	投入导向 VRS							
		新增作物产量		受益群众满意度		省工效益		节水效益	
		松弛变量	目标值	松弛变量	目标值	松弛变量	目标值	松弛变量	目标值
肥乡	0.177	37.26	91.67	3.34	86.67	0.00	1.00	22.44	24.17
宁晋1	0.340	13.03	98.62	0.47	86.67	0.00	2.00	9.34	24.17
宁晋2	0.561	0.00	110.00	1.02	87.22	0.00	2.00	14.26	32.26
辛集	0.335	0.00	98.21	0.00	93.33	0.36	1.36	17.42	26.64
武邑	0.639	79.63	154.63	0.00	90.00	2.32	2.82	43.16	59.86
沧县	0.461	6.36	88.50	0.00	90.00	0.00	1.00	21.58	21.68
昌黎1	0.399	0.00	161.59	0.00	89.36	0.00	3.00	63.00	64.00
丰南2	0.474	48.62	98.62	16.18	86.67	0.00	2.00	4.28	24.17
安国	0.377	53.62	98.62	3.81	86.67	0.00	2.00	13.27	24.17
蠡县	0.297	54.62	98.62	4.85	86.67	0.00	2.00	13.17	24.17
定州	0.429	0.00	92.00	0.00	90.91	0.62	1.12	22.53	23.53

表 6 – 10   2016 年度河北省高标准农田样本项目县

资金使用效率值与松弛变量（SBM）

DMU	效率值	产出导向 VRS							
		水利措施		田间道路支出		林业措施		科技措施	
		松弛变量	目标值	松弛变量	目标值	松弛变量	目标值	松弛变量	目标值
肥乡	0.090	0.00	450.53	-66.37	300.41	-38.15	13.59	-14.00	1.00
宁晋1	0.550	-264.81	356.46	0.00	238.20	-15.56	11.03	-17.42	1.00
宁晋2	0.670	-92.52	325.76	0.00	217.89	-31.72	10.19	-1.00	1.00
辛集	0.380	-682.49	413.90	-603.54	304.15	-26.56	28.44	-8.68	11.31
武邑	0.310	-177.01	455.27	-138.23	308.05	-19.39	16.27	-0.33	2.66
沧县	0.010	-211.70	364.54	-212.49	235.37	0.00	9.59	-10.98	4.01
昌黎1	0.050	-548.51	463.22	-112.09	308.80	-27.40	13.93	-14.00	1.00

续表

DMU	产出导向 VRS								
	效率值	水利措施		田间道路支出		林业措施		科技措施	
		松弛变量	目标值	松弛变量	目标值	松弛变量	目标值	松弛变量	目标值
丰南2	0.510	0.00	352.41	-62.62	235.51	-2.01	10.92	-8.00	1.00
安国	0.350	0.00	419.67	-35.37	279.99	-5.38	12.75	-19.00	1.00
蠡县	0.330	-121.32	463.22	-71.33	308.80	-8.80	13.93	-18.96	1.00
定州	0.060	-277.17	443.97	-184.52	306.99	-0.42	19.60	-7.59	5.02

DMU	产出导向 VRS								
	效率值	新增作物产量		受益群众满意度		省工效益		节水效益	
		松弛变量	目标值	松弛变量	目标值	松弛变量	目标值	松弛变量	目标值
肥乡	0.090	104.48	158.89	5.92	89.25	1.92	2.92	60.73	62.46
宁晋1	0.550	53.32	138.91	2.28	88.48	0.35	2.35	36.25	51.08
宁晋2	0.670	22.39	132.39	2.03	88.23	0.16	2.16	29.36	47.36
辛集	0.380	36.71	134.92	0.00	93.33	2.00	3.00	36.32	45.53
武邑	0.310	82.29	157.29	0.00	90.00	2.50	3.00	44.32	61.02
沧县	0.010	38.08	120.22	0.00	90.00	0.87	1.87	39.89	39.99
昌黎1	0.050	0.00	161.59	0.00	89.36	0.00	3.00	63.00	64.00
丰南2	0.510	88.05	138.05	17.96	88.45	0.32	2.32	30.70	50.59
安国	0.350	107.33	152.33	6.14	89.00	0.73	2.73	47.82	58.72
蠡县	0.330	117.59	161.59	7.54	89.36	1.00	3.00	53.00	64.00
定州	0.060	59.18	151.18	0.00	90.91	2.50	3.00	55.79	56.79

6.4　结论

本章立足问卷调查，基于多投入多产出的角度，通过建立三阶段 DEA 析模型，测算河北省高标准农田建设项目资金使用效率。具体结论如下：

（1）资金使用效率相对为 1 的项目县约占全部样本的 40%。通过构建规模报酬可变的 DEA 模型对河北省高标准农田资金使用效率进行测算得出，项目资金使用效率整体有效，平均效率值为 0.689，但仍然存在无效率项。2016 年定州、肥乡技术效率偏低，致使其综合效率较低；而辛集、武邑、安国、蠡县导致其综合效率低的原因是规模效率偏低。沧县 2016 年高标准农田项目尚未完工，除科技措施外其他各项均未支出，导致资金使用效率较低，尤其是以产出为导向角度来看。

（2）水利措施、田路支出存在较高松弛值。通过对第一阶段所得资金支出存在的松弛变量的分析，可以得出水利措施支出、田间道路支出存在较高的负值，即存在应减少的支出。水利措施、林业措施支出增加同资金使用效率增加呈反向相关，但由于项目实际实施过程中资金支出结构缺乏弹性，水利措施资金安排较多，存在造成工程过度施工，一部分资金浪费。

（3）科技措施存在明显不足。科技措施投入的增加对产出增效明显，但是大多数县科技措施选择缺乏对该县产业发展的综合考虑，且没有连贯性，导致带动性不明显，示范推广作用一般，科技推广项目整体效果不佳。

（4）改善环境因素可以提高资金使用效率。通过随机前沿模型分析发现，资金使用效率受到除资金内部管理无效率以外其他因素的影响，分析资金使用效率应剔除这些外部因素影响，将所有决策单元处于同一环境下。

同时可以得出：农村劳动力素质、地方财政水平、项目区农民收入水平与资金支出松弛变量均存在负相关，表明提高农民受教育程度、提高地方财政收入与项目区农民收入水平可以改善项目资金效率水平。

（5）剔除环境因素后效率值降低，但整体仍有效。由三阶段DEA分析的最终结果可以得出：环境因素和随机因素造成了纯技术效率的低估和规模效率的高估，剔除外部环境后的项目资金使用效率虽有所降低，但整体仍然有效。

7 提高河北省高标准农田建设项目绩效的对策与建议

本书运用指标分析法、DEA 模型分析法等方法对河北省农业综合开发高标准农田建设项目进行绩效分析，通过总结项目实施存在的问题及其影响因素，提出以下改进建议。

1. 完善绩效评价时点，优化评价内容

由于农业生产的周期性，水利设施的利用需要跟农业生产的季节相对应，项目建设的各项工程设施都投入使用后，再开展项目绩效评价工作，才能更好地评价项目实施后对项目区生产和生活、经济效益和社会效益的影响，得出的各项数据也才更有针对性。建议将绩效评价时间调整到工程质保期（一般 1 年）后进行，或者对当年项目考虑在第三年进行绩效评价。此外，建议综合地方农业生产和自然条件影响等因素，剔除一些不必要、难以量化的指标，如亩均节水量等，适当加大投入和过程的指标权重。

2. 对不低于 5000 亩的建设要求予以再商榷

河北省的项目建设时间开始于 1999 年，到目前为止，项目建设时间已经持续了近二十年，此外，水利、农业、国土等部门也在相继推进农田水利、田间道路等设施建设，因此，现在超过 5000 亩可以成片开发利用并且没有其他部门参与建设过的地区存量已经不多了。建议项目管理部门在制定项目建设要求时，适当修改"单个项目区不低于 5000 亩"这一建设要求。

3. 引导农户参与管护设施的投标定价

项目区的井、泵、变压器等农田水利工程管护引入了市场竞争机制，采用竞争承包方式，落实工程管护责任人，按分类工程实行

统一管理和维护，这种模式下的项目工程管护制度，能将责权利有效结合。但是，在项目评价过程中发现，承包人将承包期间后续维修管护成本加价到收取的电费里，并且农户认为加价后的灌溉用电成本高，不愿意使用项目工程设施进行灌溉，进而影响了项目设施的使用，也影响了农户对项目的满意度。因此，建议在农田水利工程的后续管护中，引导农户参与电价的制定。

4. 提前开展项目审批

按照项目批复流程和管理要求，近年来的项目都是当年批复当年开工建设，但是很多项目需第二年才能完工，其原因主要是项目单位在收到批复后，需要进行公示、招投标、签约等大量前期工作。在对张家口、承德等地区进行评价时，项目承担主体普遍反映当地的气候特点造成了有效施工期较短、有效施工紧张的问题。建议适当提前开展项目立项审批工作，为项目单位预留出半年左右的项目前期准备时间，确保项目能当年开工建设，当年完工，当年见效。

5. 优化项目资金支出结构，适度调整水、路资金支出

结合实地调研与数据分析，可以得出：河北省高标准农田建设项目资金支出结构存在不合理现象。由于高标准农田建设要求成方连片，所以在实际选址时与其他部门可能存在项目重叠、重复施工等现象，如水利部门项目、交通部门项目。若在项目资金支出缺乏弹性的情况下，仍按照固定比例进行项目投资施工的话，必然会导致一些措施过度施工与资金浪费，而另一些措施资金投入不足，导致资金使用的低效率。所以，各县区项目负责部门应根据项目区实际情况，在国家要求的支出比例范围内，因地制宜，优化资金支出结构，适度调整，保证资金支出高效。

6. 提高科技措施支出，发挥推广示范作用

根据分析结果可以得出：科技措施支出对于产出增效明显。但科技措施支出比重较小，项目区对于科技措施的选择缺乏综合考虑导致整体效果不佳等问题影响着科技措施在高标准农田建设项目中

有效发挥其作用。实地调研中发现，部分项目区的科技措施只是简单的发放种子，或者是仅将科技支出经费补贴给种粮大户鼓励其生产，导致该项措施未能很好发挥作用。所以，相关部门应根据项目建设条件在资金支出中适当提高科技措施支出比例，实地考察反复论证，选择适宜发展的科技项目，使科技措施具有连贯性，提高农业科技成果转化、推广及应用，有效发挥示范推广作用。

7. 提升劳动力素质

劳动力素质直接影响农业发展水平。农户的文化水平会影响他们对于种子、农药、灌溉等农业生产投入的选择，同时也会影响他们对于农业相关政策的理解接受程度。文化水平越高，他们越会选择科技水平较高的生产方式，产出效果提高，资金使用效率也会得到提高。经过问卷调查发现项目区劳动力素质普遍较低，部分农户对于实施高标准农田建设项目接受程度低，认为田边林业措施建设会影响收成，故对树木进行严重毁坏，导致林业措施支出产出效果不明显。所以，提高项目资金使用效率必须要优化从业者结构，提升劳动力素质，加强农民技能培训与知识培训。

8. 有效利用基础设施，全面提升产出效益

通过实地调研发现，项目建设的水利、农业、田间道路等措施，能够使粮食及其他作物的灌溉时间和灌溉用水量得到及时、有效的保证，在改善农业生产环境、增加粮食及其他作物产能方面能够发挥重要作用，但是，项目在改变农户种植结构、提高农户收益、改善生态环境方面绩效不显著。原因在于有的项目区部分基础设施闲置或损坏，如扬水站、出水口等，有的项目区虽然基础设施改善，但仍然采用传统种植耕作方式，种种原因导致项目预先设定的经济、社会、生态目标未能实现。若想提高资金的使用效率必然要提高项目的产出效益，一方面要保证基础设施完好并有效利用；另一方面，根据项目区各项自然环境禀赋，选择种植结构与适宜品种，合理布局空间，追求更大经济效益。

9. 加快土地流转，改善种植结构，促进一二三产业融合

通过实地调研发现，项目在改变农户种植结构、提高农户收益、改善生态环境方面绩效不显著，一二三产业融合效果一般、农民增收效果一般。若想提高项目产出效率，提高资金使用效率，必须加快土地流转，进行规模化经营；提高土地规模效益，改善种植结构，提高经济作物种植面积；促进一二三产业融合，完善农业产业链，使农民分享产业链增值收益。

10. 强化后期管护措施，合理利用管理费用

后期管护是确保高标准农田建设项目综合效益长期发挥的保证。到田到户的沟渠、水井等由农户自发管护，公共道路、林木、桥梁等往往易于毁损，影响项目使用的可持续性。在对各县区高标准农田建设项目资金使用台账的核查中发现，存在管理费用使用不合理等问题，如非施工期但存在数额较大的用车支出费用。这些都影响资金使用的有效性。有关部门必须要建立有效的监督机制，强化后期管护，保证管理费用使用合理。

附录1 河北省2016年度农业综合开发高标准农田建设项目绩效评价报告

一、项目基本情况

（一）项目概况

1. 项目背景

河北省地处燕山、太行山山脉，是华北平原的粮食主产区，也是农业生产基础条件相对落后，旱涝灾害频发，高标准农田建设任务较重的省份。为进一步提高河北省粮食综合生产能力，改善农业生产条件，河北省政府将推进高标准农田和农田水利基础设施建设，发展节水农业，促进农业增产增效作为农业发展规划中的一项重要任务，提出了要重点建设4000万亩粮食生产核心区和86个粮食生产大县。2016年河北省发布了《河北省农业可持续发展规划（2016～2030年）》，提出了以"生态、节水、循环、增收"为发展主线，加快农业结构调整，强化农田节水措施，发展生态循环农业，进一步转变农业发展方式。同时，制定了到2020年，全省建设高标准农田4678万亩，提高耕地基础地力和产出能力，农业灌溉用水总量控制在130亿立方米内，有效灌溉面积达到6806万亩的建设目标。河北省各级政府对高标准农田建设的重视为较好地完成2016年度河北省高标准农田建设任务奠定了良好基础。

2. 项目建设规模及地点

2016年河北省农业综合开发高标准农田建设项目建设地点涵盖了全省11个设区市，涉及117个县（市、区、场，以下简称项目县，含定州、辛集市）。2016年河北省共设立高标准农田建设项目140个，项目投资总额共计140293.64万元，其中财政资金共计138704万元，治理面积共计115.67万亩（包括老项目区改造项目11个，治理面积10.13万亩）。包括存量资金项目和第二批增量资金项目,其中存量资金项目 120 个,投资总额为 120695.64 万元,其中财政资金 119232 万元,治理面积 99.74 万亩。第二批增量资金项目 20 个,第二批增量资金 19598 万元,其中财政资金 19472 万元,治理面积 15.93 万亩。

2016 年河北省下达的 120 个存量资金项目包括:石家庄市 11 个项目,治理面积 8.38 万亩;唐山市 7 个项目,治理面积 6.25 万亩;秦皇岛市 1 个项目,治理面积 1.39 万亩;邯郸市 13 个项目,治理面积 10.43 万亩;邢台市 15 个项目,治理面积 12.89 万亩;保定市 18 个项目,治理面积 12.2 万亩;张家口市 10 个项目,治理面积 7.38 万亩;承德市 7 个项目,治理面积 4.45 万亩;沧州市 16 个项目,治理面积 13.97 万亩;廊坊市 9 个项目,治理面积 9.35 万亩;衡水市 11 个项目,治理面积 10.24 万亩;定州市 1 个项目,治理面积 1.08 万亩;辛集市 1 个项目,治理面积 1.73 万亩。

20 个第二批增量项目包括:石家庄市 3 个项目,治理面积 2.84 万亩;唐山市 5 个项目,治理面积 3.85 万亩;秦皇岛市 1 个项目,治理面积 0.63 万亩;邯郸市 1 个项目,治理面积 1 万亩;邢台市 5 个项目,治理面积 2.99 万亩;保定市 1 个项目,治理面积 0.73 万亩;沧州市 2 个项目,治理面积 1.73 万亩;廊坊市 1 个项目,治理面积 0.95 万亩;衡水市 1 个项目,治理面积 1.21 万亩。

3. 项目资金来源及到位情况

河北省 2016 年度两批高标准农田建设项目资金来源主要是各级财政资金和项目区农户自筹。项目计划投资总额为 140293.64 万元,其中财政资金共计 138704.00 万元,农户自筹资金 1589.64 万元。项目财政资金包括中央财政资金 99072 万元,省级财政资金 34899 万元,市级财政资金 2824 万元,县级财政资金 1909 万元。

2016 年度河北省高标准农田建设项目资金中有 9 个项目资金因国家政策调整未用于高标准农田项目建设,其中有 4 个项目资金按照国家有关政策被整合到国家级贫困县项目建设进行管理使用（包括保定的顺平县、邢台的新河县，临西县和威县），有 5 个项目因地处雄安新区，按照国家政策暂停项目建设（包括雄县、安新县、容城县）。未用于高标准农田项目建设资金总额共计 7513 万元，其中财政资金 7170 万元（因国家政策调整未实施的 9 个项目不纳入本次省级绩效评价范围）。

2016 年度河北省高标准农田建设项目实施的共有 131 个，项目计划资金总额为 132780.64 万元，其中财政资金为 131534 万元，自筹资金 1246.64 万元。项目财政资金包括中央财政资金 93590 万元，省级财政资金 32966 万元，市级财政资金 2750 万元，县级财政资金 1868 万元。项目中有存量资金项目 112 个，项目资金总额为 114196.64 万元，其中财政资金 113076.00 万元；有第二批增量项目资金 19 个，项目资金总额为 18584 万元，其中财政资金为 18458 万元。

2016 年度河北省 131 个高标准农田建设资金实际用于高标准农田建设的资金到位数为 133065.6 万元，其中财政资金 131823 万元，自筹资金 1242.64 万元。项目实际投入的财政资金包括中央财政资金 93950 万元，省级财政资金 32966 万元，市级财政资金 2750 万元，县级财政资金 2157 万元。县级财政资金实际到位资金 2157 万元，比计划到位资金多 289 万元，其中，廊坊市三河市 2016 年农业综合开发高标准农田建设项目多到位 308 万元，邯郸市广平县 2016 年胜营镇第一批高标准农田建设项目少到位资金 19 万元。

4. 项目审计、验收情况

河北省 2016 年度高标准农田建设项目共 140 项，其中有 9 项因扶贫政策和雄安新区建设项目未实施，有 7 个项目尚未竣工，其中 6 个是第二批增量资金项目，其余 124 个项目均全部完工，并开展了项目自验，大多数县都开展了市级项目验收，部分市聘请第三方开展了项目验收和绩效评价工作。

省级自评重点调查的 16 个县都开展了项目工程决算审计工作，

部分项目县完成了项目整体审计工作。

(二) 项目绩效目标

1. 项目总体绩效目标

河北省2016年高标准农田建设项目的绩效目标是通过项目的实施，实行田、水、路、林的综合治理，建成"田地平整肥沃、水利设施配套、田间道路畅通、林网建设适宜、科技先进适用、优质高产高效"的高标准农田，进而使项目区内的农业综合生产能力得到提升，农业生产条件得到有效改善，抵御自然灾害的能力显著增强，生态环境明显改善，农业科技水平和农业现代化水平进一步提高，从而极大地促进农业可持续发展和农业生产结构调整，实现农业增产增效、农民增收。

2. 项目产出绩效目标

根据各市县项目申报统计，河北省2016年度高标准农田建设项目产出绩效目标是：完成土地治理面积115.67万亩，新增（改善）灌溉面积102.96万亩，新增（改善）排水面积44.33万亩，改良土壤23.99万亩，新增农田林网面积55.86万亩，开挖疏浚、衬砌渠道757.7公里，新建渠系建筑物8496座，修建田间道路1781.40公里，配套输变电线路1451.54公里等。

3. 项目效果绩效目标

河北省2016年度各市高标准农田建设项目设定的效果绩效目标是受益人数达到756416人，新增（改善）机械作业面积271114.31亩，调整（改善）种植结构面积287950.86亩，土地流转面积93245.87亩，节省工时量2856475小时。

二、项目单位绩效自评情况

河北省农发办高度重视2017年农业综合开发高标准农田项目绩效评价工作，成立了项目评价工作组，认真学习领会国家农发办有关农发绩效评价政策和要求，并进行了专题研究。于2017年

5 月 17 日下发了《河北省农业综合开发办公室关于做好 2017 年度农业综合开发项目绩效自评有关工作的通知》（冀农发办〔2017〕45 号），要求各设区市及项目县高度重视绩效评价工作，按时保质上报各市绩效自评报告。

截至 2017 年 7 月 31 日，河北省 11 个设区市及定州、辛集市 2 个省直管市全部完成了项目绩效自评工作，并提交了绩效自评报告。2016 年度河北省高标准农田建设项目计划完成 140 项，有 9 个项目因国家政策调整未实施，实施的 131 个项目中，实际完成了 124 个项目，有 5 个项目尚未竣工，其中有 4 个是第二批增量资金项目。已经完成的 126 个项目全部完成了市级绩效评价自评工作，市级绩效自评打分有 5 个项目县在 90 分以下，自评为良，其余 121 个项目县打分都在 90 分以上，评价均为优。

三、绩效评价工作情况

河北省 2016 年度高标准农田建设项目绩效省级自评工作从 2017 年 7 月 15 日开始，主要工作包括两部分：一是对河北省 11 个设区市及定州、辛集市 2 个省直管市 2016 年度全部高标准农田建设项目绩效自评报告进行审核；二是抽查了 11 个设区市及定州、辛集市 2 个省直管市中的 16 个市县进行省级绩效实地评价。

（一）绩效评价目的

本次省级绩效自评的目的是进一步加强农业综合开发专项资金的监督和管理，提高农业综合开发高标准农田建设项目管理水平和农业综合开发资金使用效率，全面提升农业综合开发部门综合管理水平，进一步深化财政资金预算管理改革，合理配置资源，提高财政资金使用效益，强化支出绩效。

（二）绩效评价原则、评价指标体系、评价方法

1. 绩效评价原则

（1）独立、客观、公正原则。在对河北省 2016 年度高标准农

田建设项目绩效评价过程中，遵循了独立、客观、公正的原则，采用科学的评价方法如实反映项目实施绩效情况。

（2）科学、规范原则。此次绩效评价工作严格按照《国家农业综合开发办公室关于开展 2017 年度农业综合开发高标准农田建设项目绩效评价的通知》（国农办〔2017〕14 号）、《河北省农业综合开发绩效评价办法（修订）》（冀农发办〔2013〕46 号）的要求，科学制定评价方案和选择评价方法，规范实施绩效评价工作。

2. 绩效评价指标体系

本次绩效评价指标共设项目决策、项目管理、项目产出、项目效果四类 28 项，具体内容如下：

（1）项目决策指标。项目决策设定的基础分值为 10 分。

项目决策指标下设一个科学选项二级指标。科学选项二级指标包括规划符合性（5 分）和项目审查（5 分）。

（2）项目管理指标。项目管理指标设定的基础分值为 20 分。

资金到位指标包括到位率（5 分）和到位时效（2 分）2 个二级指标。资金管理二级指标包括资金使用（5 分）和财务管理（2 分）2 个三级指标；组织实施二级指标包括组织机构（2 分）和管理制度（4 分）1 个三级指标。

（3）项目产出指标。项目产出指标设定的基础分值为 40 分。

项目产出指标包括产出数量（20 分）、产出质量（10 分）、产出时效（5 分）和产出成本（5 分）4 个二级指标。产出数量二级指标包括高标准农田建设面积（5 分）、农田灌溉达标面积（3 分）、农田排水达标面积（3 分）、基础设施配套（4 分）、道路通达度（3 分）和农田林网（2 分）7 个三级指标；产出质量二级指标包括田块标准化（5 分）、路面修筑（3 分）和农田林网保存率（2 分）3 个三级指标；产出时效二级指标包括任务完成及时性（5 分）1 个三级指标；产出成本包括投入标准（5 分）1 个三级指标。

（4）项目效果指标。项目效果指标设定的基础分值为 30 分。

项目效果指标包括经济效益（5 分）、社会效益（5 分）、环境效益（5 分）、可持续影响（5 分）和受益对象满意度（10 分）5 个二级指标。经济效益二级指标包括新增粮食和其他作物产能（5 分）1 个三级指标；社会效益二级指标包括受益总人数（5 分）1 个三级指标；环境效益二级指标包括节水灌溉（4 分）和亩均节水量（1 分）2 个三级指标；可持续影响二级指标包括工程质量（2 分）、工程利用（2 分）和管护主体责任落实（1 分）3 个三级指标；受益对象满意度二级指标包括项目受益乡村（5 分）和受益群众（5 分）2 个三级指标。

3. 绩效评价方法

本次绩效评价采取目标比较法和调查法。目标比较法是对高标准农田建设后的产出及效果与项目实施计划目标进行比较，分析预计目标的完成程度。调查法包括抽样调查、现场调查和问卷调查。在收集、整理、审核相关数据资料等证据的基础上，对投入、过程、产出和效果四个方面进行量化测评；深入实地查看项目建设及运行管理情况，项目标准质量达标及整体示范带动作用情况；随机抽取查看工程，统计其建设、管护、利用等绩效信息。抽查方田（图班）比例不低于开发总面积的 10%；入户调查每个项目区不低于 30 户，对于建设面积大、工程类型多样的项目区，例如唐山市丰南区，入户调查数量达到 60 户。根据实际测评情况，如实填报绩效评价评分表。

（三）绩效评价工作过程

本次绩效评价工作过程包括前期准备、组织实施、分析评价三个阶段。

1. 前期准备

按照国家农发办发布的 2016 年度高标准农田建设项目绩效评价指标体系，设计绩效评价工作底稿，为绩效评价报告提供数据支撑。

2. 组织实施

在对项目县绩效评价报告进行审核的基础上，深入到项目县调研、收集绩效评价资料。主要工作内容包括内业和外业两部分，具体有：

（1）了解项目立项、组织实施、竣工验收和资金到位、使用及管理管护等整体情况。

（2）查阅有关项目立项、实施、验收等资料，检查项目计划执行情况，落实项目招投标制、监理制、公示制、管护制度和财政资金报账制度执行情况等。

（3）查阅项目的原始凭证、记账凭证和项目资金支出明细表，逐项核对项目资金支出的金额、合理性、记账的规范性等内容，核实项目资金到账、使用、报账和会计核算的实际情况。

（4）整体查看项目运行情况。主要查看整个项目区的建设内容、主要工程质量、运行管护、工程完好率、利用率、林木成活率、农田土地平整状况、种植作物及长势等基本情况。

（5）抽查方田，查看项目产出数量和质量。按照不低于开发总面积10%的比例，采用重点抽查的方式抽查方田；对照方田档案卡逐项核实项目建设内容、工程完工程度、工程质量、工程利用及管护等情况。

本次对16个项目县的省级绩效自评共抽查了60块方田，方田抽查面积总和为1.98万亩，16个项目区总建设面积为16.37万亩，抽查比例达到12.09%。抽查的方田中涵盖了项目建设的主要内容，包括水利措施、农业措施、田间道路、林业措施、科技措施等。

（6）入户调查，获取项目区农户对项目的评价信息。按照每个项目区不低于30户的入户比例进行入户调查，了解项目区农户对项目工程利用和管理及满意度等情况。调查主要采取集中农户填写问卷、个别农户重点访谈和随机入户访谈相结合的方式进行，个别农户重点访谈对象主要是选取项目区种植大户、同时有项目区和非项目区农田的农户、项目实施前后种植结构或种植方式有变化的农户、项目村有代表性的农户等；随机入户访谈是到项目区农户家中或在农田作业的农民进行调查。

本次省级绩效自评共调查了16个项目县37个行政村受益农户535人，收到调查问卷535份。

（7）与项目村干部访谈，获取项目区所在村干部对项目的评价信息。本次省级绩效自评工作共访谈了16个项目县37个受益村的村干部，了解项目村高标准农田项目的建设、实施效果及满意度等情况。

3. 分析评价

按照本次绩效评价指标体系和评分标准，逐项收集相关证据和进行根据前期准备和组织实施阶段的工作成果，综合汇总、分析、确定各个项目县各项绩效指标的完成情况，对照设定的绩效目标和评价标准，对各县每项绩效评价指标打分，并对每个县绩效水平做出整体判断。最后，按照国家农业综合开发绩效评价试行办法的相关要求，撰写绩效评价报告，建立绩效评价档案。

四、绩效评价指标分析

（一）项目资金情况分析

本次省级绩效自评主要从资金到位、资金使用和财务管理三方面对项目资金管理绩效进行了评价，涉及资金到位率、到位时效、资金使用和财务管理四个三级指标。对河北省2016年度高标准农田建设项目总体资金到位和使用情况的评价是通过审核11个设区市和定州市、辛集市的项目绩效自评报告进行的。对16个省级绩效自评项目县的项目资金管理绩效评价是通过审核项目会计档案资料和相关财务管理制度进行的。逐笔查看了16个项目县2016年度高标准农田项目收支的会计凭证和账表。

经审核，河北省2016年高标准农田项目财政资金全部及时到位，会计核算符合相关制度规定，但也存在着部分项目县原始凭证和记账凭证科目用错、附件不全等现象。

1. 项目资金到位情况分析

（1）资金到位率。纳入本年度绩效评价范围的 131 个高标准农田项目建设计划资金总额为 132780.64 万元，其中财政资金131534.00 万元，项目自筹资金 1246.64 万元。财政资金中包括中央财政资金 94320 万元，省级财政资金 32670 万元，市级财政资金2676 万元，县级财政资金 2157 万元，

2016 年度河北省 131 个高标准农田建设资金实际到位的资金为 133065.6 万元，其中财政资金 131823 万元，自筹资金 1242.64万元。项目实际投入的财政资金包括中央财政资金 93950 万元，省级财政资金 32966 万元，市级财政资金 2750 万元，县级财政资金2157 万元。全部项目资金实际到位率为 100.21%。

省级自评的 16 个项目县高标准农田建设项目计划总投资20322.84 万元，其中财政投资 20065 万元（包括中央财政投资14331 万元，省级财政配套 5089 万元，市县财政配套 645 万元），自筹资金 257.84 万元。截至 2016 年 7 月 31 日，项目建设的财政资金和自筹资金均已按计划投入到位。

（2）资金到位时效。绩效评价小组对省级自评的 16 个项目县高标准农田建设项目的中央财政资金、省级财政资金和市县级财政资金的下拨批复进行了审核，查看了项目县的资金到账原始凭证和会计账簿资料，经审核，2016 年度河北省高标准农田建设项目各级财政资金都按计划及时拨付到项目承担单位，16 个项目县不存在到账金额不符、延迟到账影响项目建设进度的情况。

2. 项目资金使用情况分析

通过对 16 个项目县高标准农田建设项目专项资金会计档案资料的审核，没有发现不执行农业综合开发项目有关财务制度和财经纪律的情况，能够按照国家农业综合开发资金使用规范使用资金，支出依据合规，不存在虚列项目支出的情况；没有发现挤占挪用、虚报冒领、私设"小金库"、弄虚作假套（骗）取财政资金、损失浪费或明显超出定额标准开支等现象，未发现用农发资金发放人员

工资、补贴、津贴等行为。

3. 项目资金管理情况分析

本指标主要从资金管理、费用支出制度健全并严格执行、会计核算规范三个方面对项目县的财务管理绩效进行评价。通过对16个项目县会计档案资料的审核，总体上各项目县都能按照河北省农发办下发的有关农业综合开发资金管理相关制度执行，对高标准农田建设项目能够实施专账管理，并按相应的资金管理规范设立会计科目。

（二）项目实施情况分析

重点从项目的规划符合性、项目审查、组织机构、管理制度4个三级指标对16个县的项目实施情况进行评价。总体上来看，各项目县都能以县农业发展规划为依据，制定市县级农业综合开发高标准农田建设长期发展规划，能够从总体上合理布局项目区。但有个别县存在项目档案管理资料不全、过程管理薄弱等问题。

1. 项目组织情况分析

包括规划符合性和项目审查两个三级指标。

（1）规划符合性。本次抽查的16个项目县共涉及20个高标准农田建设项目，经审核，都按项目审批程序进行了逐级审批，有河北省农发办下发的项目立项批复，立项条件符合高标准农田建设项目申报要求。各项目县都制定了县农业综合开发土地治理项目十年规划（2011~2020年），能够按规划分批次连片建设，进而实现项目连片开发建设的目标。

（2）项目审查。绩效评价组通过审阅项目档案资料并结合项目村、户实地调研，对各项目县申报项目是否进行实地考察，是否征求项目区群众意见，立项条件是否符合申报要求等方面进行了评价。经审核，项目所在县、乡镇、村各级管理部门相关负责人都会在立项前对项目区进行实地考察，并采用不同的方式征求项目区村民代表和群众的意见，因地制宜设计项目建设内容，避免了项目区的重复建设，项目建设过程得到了农户的大力支持，无因群众干涉而影响项目完工的情况。

2. 项目管理情况分析

（1）组织机构。本次抽查的 16 个项目县分布在河北省的 11 地市和定州市、辛集市两个直管市，各地对高标准农田项目的组织管理机构略有不同，有的单位名称为农业综合开发办公室，有的为财政局，有的为扶贫与农业综合开发办公室。其中霸州市、沧县设置了独立的农业综合开发管理办公室；兴隆、宣化、肥乡、南和、武邑 5 个县管理机构为扶贫与农业综合开发管理办公室；其余县市是在财政局内设农业综合开发科（股），负责高标准农田项目的组织和管理。无论采用哪种机构设置方式，各项目县均能够做到项目组织机构健全，分工明确。

（2）管理制度。16 个项目县都根据河北省农业综合开发管理相关规定建立了相应的项目管理制度，如项目立项审批制度、招标制度、项目公开制度、监理制度、资金管控制度等。大部分县能够遵循相关制度，科学有效地管理 2016 年度的高标准农田建设项目，能够通过网上公开招标项目承担单位和监理单位；项目报账程序规范、做到专款专用。各县项目档案资料比较齐全，档案管理较为规范。但也发现部分项目县对项目的过程管理档案资料不全等问。

（三）项目绩效情况分析

绩效评价组从项目产出和项目效果两大方面对河北省 2016 年度高标准农田建设项目进行绩效了评价。其中项目产出包括产出数量和产出质量两个二级指标，包括高标准农田建设面积、农田灌溉达标面积、农田排水达标面积、基础设施配套、道路通达度、农田林网、田块标准化、路面修筑、农田林网保存率和任务完成及时性、投入标准 11 个三级指标；项目效果包括经济效益、社会效益、环境效益、可持续影响和受益对象满意度 5 个二级指标，包括新增粮食及其他作物产能、受益总人数、节水灌溉、亩均节水量、工程质量、工程利用、管护主体责任落实以及受益乡村和受益群众满意度 9 个三级指标对项目绩效情况进行了评价。

通过对项目区整体建设情况核实查验、抽查方田、入村入户重点访谈和问卷调研等评价工作，我们认为：河北省高标准农田建设项目的实施，极大地改善了项目区道路、灌溉等农业生产基础条件，全面提升了农业综合生产能力；较高地发挥项目区节水、节工、防风、绿化等社会和环境效益，同时，也得到了项目区大部分受益群众的认可。

1. 项目产出数量分析

（1）高标准农田建设面积。河北省 2016 年度高标准农田建设项目计划治理农田面积为 115.67 万亩，扣除国家政策调整资金使用后计划建设高标准农田面积为 105.12 万亩，实际完成高标准农田治理面积 105.12 万亩，完成率为 100%。

评价工作小组对各项目高标准农田项目竣工图标识面积进行了复核；对项目区进行了整体查看；抽查了 60 块方田，抽查面积为19811 亩，占省级自评项目区总面积 163747 亩的 12.1%；对抽查方田所设计的农田道路长度进行了实测，采用专业 GPS 测量仪或其他设备逐一核实了方田面积，并与规划的项目区面积进行了比对。经核实，各项目区高标准农田实际建设面积与计划建设面积相同，达到了项目规划面积。

（2）农田灌溉达标面积。河北省 2016 年度高标准农田建设项目计划新增农田灌溉达标面积为 104.7 万亩，实际完成新增农田灌溉达标面积 101.88 万亩。

对省级自评的 16 个项目县查阅项目设计文件、竣工验收技术文件和竣工图的基础之上，以抽查的 60 块方田为评价数据样本，将样本方田的设计数据与方田内的实际农田灌溉达标面积进行了比对。除了个别县部分农田因项目未完工或工程尚未利用而农田灌溉未达标外，其他项目县都达到了项目灌溉设计要求。

（3）农田排水达标面积。河北省 2016 年度高标准农田建设项目计划新增农田排水面积 44.87 万亩，实际完成新增农田排水面积 42.05 万亩。

对省级自评的 16 个项目县，该指标的评价是针对河北省干旱少雨年份较多，出现洪涝灾害的年份远少于出现旱灾年份的情况；在省级绩效评价时主要是考虑农田所处地区、地势及洪涝灾害发生概率等情况进行因地制宜的处理办法。对北部常年干旱少雨地区，部分农田未设计排水系统的则没有扣分；对河北省中南部出现低洼多雨、洪涝灾害发生概率较大的项目区，未设计农田排水系统的，则严格按照国家标准扣分。

（4）基础设施配套。河北省 2016 年度高标准农田建设项目计划修建渠系建筑物 8496 座，实际完成 8142 座。

对省级自评的 16 个项目县该指标的评价是在查阅相关设计文件规划的各类建筑物配套情况基础上，对抽查的方田现场核查了各类建筑物的数量、质量及基础设施配套情况。本次抽查方田的建筑物数量不少于本类型建筑物数量的 15%，其中水利措施主要包括：打井 36 眼、维修井 126 眼、新建扬水站 7 座、机泵配套 45 套、机井房 41 间、输电线路 20386 米、农电线路 5648 米、变压器 28 台、铺设防渗管道 66294 米、出水口及出水口保护装置 5839 个、建蓄水池 2 座、维修谷坊坝 1 座、维修坑塘 1 座、涵洞 17 座、清淤渠道 6754 米、开挖农渠 16037 米、排灌站 2 座、闸涵 3 座、作业通道 340 座、衬砌渠道 5164 米、喷灌 200 亩等；田间道路主要包括砂石路 9667 米、水泥路 31971 米、土路 5089 米、泥结碎石路（4 米宽）3195 米、砖路 3462 米；林业措施主要包括植树 20823 株。

对上述建设项目抽查核验后发现，大部分项目区内建筑物配套完善，能够满足灌溉与排水系统水位、流量、泥沙处理、施工、运行、管理、生产的需要。但也有部分项目区存在着基础设施不配套的问题。

（5）道路通达度。河北省 2016 年度高标准农田建设项目计划修建田间道路 1806.34 公里，实际完成田间道路 1814.38 公里。

对省级自评的 16 个项目县该指标的评价时，查阅了各项目竣工图等文件，结合对所抽查方田新建道路的实际查看，按照生产道路直接通达耕作田块数占总田块数的比例对该指标进行了评价。

（6）农田林网。河北省 2016 年度高标准农田建设项目计划完成农田林网 57.6 万亩，实际完成农田林网 56.08 万亩。

对省级自评的 16 个项目县该指标的评价时，查看了项目区农田林网种植及维护情况，项目县能按照要求在项目区内主要道路、沟渠、河流两侧，适时、适地、适树进行植树造林，并且长度达到适宜植树造林长度的 90% 以上，只有个别项目县未达到农田林网的建设目标。

2. 项目产出质量分析

（1）田块标准化。通过审核项目区竣工图方田规划和到抽查的方田实地查看，大多数项目区能严格按照实现农业机械化作业和田间管理的项目建设要求，以有林道路或较大沟渠为基准形成方田，达到了方田四周规整、田块平整、灌排畅通的项目建设标准，能够满足田块标准化种植、规模化经营、机械化作业、节水节能等农业科技应用的要求。

（2）路面修筑。通过对抽查方田所涉及的田间道路建设宽度进行实地测量，按照高标准农田有关田间道路建设标准（田间道路面宽度为 3~6 米，生产路路面宽度不宜超过 3 米（大型机械化作业区可适当放宽）；各种路面要满足设计标准、车辆载荷和质量寿命）对路面修筑情况进行评价。

抽查的项目县在田间道路设计上，能够根据项目区具体条件，因地制宜地设计了水泥路、砖路、砂石路、泥结碎石路和土路等，路面宽度大部分都达到了项目的设计要求。

（3）农田林网保存率。通过对省级绩效自评的 16 个县农田林网建设情况核查及抽查方田内树木种植及保存情况的抽查清点，总体上各项目县都能按照河北省 2016 年度高标准农田项目建设要求适当、实时、适树种植了农田林网，并且保存率比较高。通过调研农户，大部分人对在项目区建设农田林网工程还是能够接受的，但也有部分项目区农户对植树存在着一定的抵制情绪是导致项目县农田林网保存率低的主要原因。经过绩效评价组的实地调查，16 个项目县中，共有 8 个项目区当年农田林网成活率超过 85%。

3. 项目产出时效分析

主要三级指标是任务完成及时性。河北省 2016 年度高标准农田建设项目共实施了 131 个，其中有 5 个项目（主要是第二批增量资金项目）尚未竣工完成，项目完成率为 96.18%。从项目资金支出情况来看，河北省 2016 年度计划高标准农田项目资金共计140293.64 万元，实际到位项目资金 133065.64 万元，因国家扶贫政策和雄安新区建设有 7228 万元未投入 2016 年度高标准农田项目建设，项目资金实际支出金额为 114334.26 万元，项目资金总体支出比例为 85.92%，主要原因是有 6 个项目县尚未完成报账。

16 个项目县共 20 个项目，其中 17 个存量资金项目，3 个第二批增量资金项目。通过审核 16 个县项目资金收支会计凭证和账簿资料，项目计划资金总额 20322.84 万元，实际到位资金 20322.84万元，资金支出 20135.44 万元，项目资金支出比例为 99.08%。

第一批存量资金项目于 2016 年 3 月开始实施，第二批增量资金项目于 2016 年 8 月开始实施，截至项目绩效评价日 16 个项目县的 20 个项目均全部竣工，并由各项目县或所在设区市农业综合开发办公室组织了项目验收，全部验收合格。

4. 项目产出成本分析

河北省 2016 年度高标准农田建设项目计划投资总额140293.64 万元，其中财政资金 138704 万元，治理高标准农田115.67 万亩，亩均投资 1212.88 元，其中亩均投入财政资金1199.14 元。2016 年度河北省高标准农田项目建设实际投资总体为

133065.64万元，其中财政资金131823.00万元，治理高标准农田105.12万亩，亩均投资1265.85元，其中亩均投入财政资金1254.02元。河北省2016年度高标准农田项目建设实际亩均投入资金总额和财政资金的标准都超过了年度计划数。

在省级自评的16个项目县中，5个市县亩均财政资金投入未达到省计划标准，其他市县都超过了省计划标准，其中高邑和武邑两县的亩均财政资金投入标准都在1300元以上。

5. 项目经济效益、社会效益、环境效益和可持续影响分析

（1）经济效益。经济效益主要通过新增粮食及其他作物产能指标来反映。

项目建设的水利、农业、田间道路等措施，能够使粮食及其他作物的灌溉时间和灌溉用水量得到及时、有效的保证，在改善农业生产环境、增加粮食及其他作物产能方面能够发挥重要作用。通过入户调研，大部分农户反映，项目区的建设对提高农业综合生产能力有一定的作用，特别是通过打（维修）井、疏通渠道、铺设地下输水管道等水利措施，在作物灌溉的关键时期，能够及时保障灌溉，对加强作物生长和提高后期产量将发挥非常重要的作用。但由于农田基础设施的建设和完善所产生的经济效益需要较长时间才能更好体现出来。本次绩效评价时，大部分项目县从项目竣工到投入使用各项设施的时间还不足一个种植周期，经济效益尚未显现，评价时按预期经济效益计算。

（2）社会效益。社会效益主要考核指标是受益总人数。河北省2016年度高标准农田建设项目使75.64万人受益，达到了项目计划受益人数。省级绩效自评的16个项目县受益总人数计划为8.65万人，通过对16个项目县37个受益村庄的535个农户的调查，计划受益人数与实际受益人数一致。各地市受益总人数如表1所示。

表 1   **16 个项目县计划与实际受益人数一览**

项目县	肥乡县	南和县	宁晋县	高邑县	无极县	辛集市	武邑县	沧县	定州市
计划受益人数	2100	6281	9140	6200	5160	5299	5609	3100	11670
实际受益人数	3342	6281	9140	6200	5160	5299	5609	3100	11670
是否完成绩效目标	是	是	是	是	是	是	是	是	是

项目县	宣化区	兴隆县	昌黎县		丰南区		霸州市	安国市	澧县
			第一批	第二批	第一批	第二批			
计划受益人数	4493	118	4812	4042	1721	1380	8135	4706	8150
实际受益人数	4493	118	4812	4042	1721	1380	8135	4706	8150
是否完成绩效目标	是	是	是		是		是	是	是

（3）环境效益。环境效益主要通过节水灌溉和亩均节水量指标来反映。

一是节水灌溉。本指标主要用于评价新增节水灌溉面积是否达到设计要求。评价工作小组在对 16 个项目县项目区规划图、竣工图进行复核的基础上，对项目区进行了整体查看，对抽查的 60 块方田新增节水灌溉面积进行了实测，核实了方田面积，并与规划的节水灌溉面积进行了比对，确认各项目区新增节水灌溉面积与计划建设面积相同。

二是亩均节水量。绩效评价组选取"每亩小麦单次灌溉用水量"为比较样本，以对项目区实际观测和农户实地走访调查所得数据为基础，并聘请水利专家对灌溉技术指标进行了分析，得出以下评价结论：项目建设的水利设施改变了原有落后的灌溉方式，缩短了灌溉时间，减少了大水漫灌造成的水资源流失，灌溉水的有效利用率大幅度增强，但是，与各项目县设定的亩均节水目标相比，13 个项目县均未达到计划亩均节水目标。各项目县计划及实际亩均节水量表 2 所示。

表2　　　　　　　16 个项目县亩均节水量计划数与实际数统计

项目县	宣化区	兴隆县	昌黎县		丰南区		霸州市	安国市	蠡县	定州市
			第一批	第二批	第一批	第二批				
计划节水量（吨）	30.04	30	60	64	24.66	19.89	40.6	48.25	54.3	38.68
实际节水量（吨）	30.04	30	1	64	24.66	19.89	38.5	10.9	11	1
是否完成绩效目标	是	是	否	是	是	是	否	否	否	否
项目县	肥乡县	南和县	宁晋县		高邑县		无极县	辛集市	武邑县	沧县
			第一批	第二批						
计划节水量（吨）	65.1	40.81	36.71	51.23	54.42		48.26	44.41	48.26	18
实际节水量（吨）	1.73	24.17	14.83	18	30		16.7	9.214	16.7	0
是否完成绩效目标	否	否	否	否	否		否	否	否	否

在项目区调研中，也对该项指标进行了横向对比和与项目实施前进行了对比，农户普遍反映，项目区与非项目区相比以及项目实施前后对比，在同等灌溉条件下，亩均节水还是比较明显的。

（4）可持续性影响。可持续性影响主要通过工程质量、工程利用和管护主体责任落实 3 个指标来反映。

一是工程质量。绩效评价组通过查看项目验收报告及现场观察，对各项工程完好情况进行评价。评价结果显示项目区内大部分工程完好，有部分项目少量工程存在损坏的现象，如肥乡、武邑、无极、兴隆、昌黎、丰南、蠡县抽查方田内的作业通道、路面路肩等存在损坏；高邑、辛集、武邑项目区内的水泥路面存在横向裂缝。

二是工程利用。绩效评价组抽查了 16 个项目县的 60 块方田，其中，大部分工程得到了有效的利用，但是仍存在一些影响工程利用绩效方面的问题。

三是管护主体责任落实。通过审查，大部分项目竣工验收后，办理了移交手续，并与项目管护单位签署了管护合同，明确了管护责任。但是，部分项目存在着管护合同中没有明确责任主体及管护主体责任落实不到位的情况。

（5）受益对象满意度。受益对象满意度主要通过受益乡村和受益群众指标来反映。

一是受益乡村。绩效评价组共走访了 16 个项目县的 37 个行政村，分别与受访行政村的村支书、主任或其他村干部就有关项目建设及管理等情况进行了访谈。根据调查问卷中的统计数据，河北省2016 年度高标准农田建设项目受益乡村总体满意度为 100%。但是，从分项实施效果来看，只有 72.97% 的受访者认为林业措施效果良好，有 70.27% 的受访者认为科技措施效果良好，94.59% 的受访者认为水利措施效果良好。

二是受益群众。绩效评价组共采用集中填写、个别访谈和随机入户等方式收集了 40 个行政村的 535 份有效调查问卷。从全部问卷总体满意度来看，受益群众满意度达到了 83.74%，这说明高标准农田建设项目的实施得到了绝大多数受益群众的认可。但是，有部分项目县受益群众满意度没有达到 85% 的要求。本次农户满意度调查中对项目的满意程度分为满意、一般和不满意三类，该满意度统计数据仅为回答满意的人数，未包括回答为一般的情况。

调研结果显示，农户满意度较低的县多数都是在高标准农田建设过程中配套执行了其他相关政策，部分农户不适应新政策的调整出现不满意的情况。如丰南区项目区水渠工程建设后配套开展了村内农户土地重新划分的政策，部分因对土地政策不满意而影响到对项目的满意度；还有部分地区是因项目实施后配套改革了用水管理制度，水费有所提高，农户因对水费管理不满意而影响到对项目的满意度；还有部分农户是因对村干部有意见而影响到对项目的满意度。受益群众满意度计算如表 3、表 4 所示。

表3 省级自评 16 个项目县受益群众满意度指标分项统计

县（个）	行政村（个）	问卷总数（份）	项目改善生产条件的效果满意度	项目在作物增产方面满意度	项目在改善生态环境方面满意度	项目总体满意度
16	40	535	89.53%	75.7%	82.43%	83.74%

表4 16 个项目县受益群众满意度一览

项目县	宣化	兴隆	昌黎	丰南	霸州	安国	蠡县	定州	高邑	无极	肥乡	辛集	武邑	沧县	南和	宁晋
满意度（%）	77.7	72	89.36	70.49	73.33	82.86	81.82	90.91	96.67	96.67	83.33	93.33	90	90	86.67	86.20

五、综合评价情况及评价结论

按照国家上述绩效评价指标和评分标准，在对河北省 2016 年度 16 个省级绩效自评县相关材料进行审核和实地核对查验、入村、入户调查了解情况的基础上，遵循独立、客观、公正的基本原则，对上述 16 个项目县省级绩效评价得分为 96.94 分，评价等级为优秀。评价结论如下。

第一部分，项目资金情况

通过对 16 个项目县农业综合开发会计凭证和账簿资料的审核，从财政资金到位率、资金支出和会计核算三个方面对项目的资金绩效进行评价。总体上来看，除了因国家贫困县资金整合和雄安新区建设需要的政策影响因素外，河北省 2016 年高标准农田项目财政资金能够足额、及时到位；项目资金使用符合项目资金管理规范要求；会计核算符合项目资金及财务等相关制度规定等。但在部分项目县也存在着会计核算审核签字不规范、会计凭证附件不全等现象。

第二部分，项目实施情况

通过对规划符合性、项目审查、组织机构、管理制度 4 个方面的绩效评价，从总体上看，河北省 2016 年度各项目县能够以农业发展规划为依据，对申报项目进行实地考察，通过不同方式征求了项目区农户的意见，立项条件符合高标准农田项目申报要求，项目组织机构比较健全、分工明确，有关项目管理制度能得到有效执行。但也存在部分县高标准农田建设项目未纳入该县的高标准农田项目建设规划区内、部分项目县未保留村民代表大会对项目表决决议的有关资料、部分项目县方田档案资料精确度不高等问题。

第三部分，项目绩效情况

河北省 2016 年高标准农田建设项目完成了任务设计要求，建筑物配套完善，生产道路直接通达耕作田块数，改善了项目区道路、灌溉等农业生产基础条件，项目区植树造林长度达到适宜植树造林长度的 90% 以上，项目区内直接受益的人口总数量达到设计要求，受益乡镇、村干部和项目区农户对 2016 年度河北省高标准农田建设项目比较满意。但在部分项目县也存在着诸如树木存活率不高、工程维护不好、项目管护责任落实不到位，以及因各项工程使用时间还不足一个种植周期，新增粮食产能未达到预期目标等情况。

综上所述，河北省 2016 年度高标准农田建设项目的绩效明显，综合评价等级为优秀。

六、绩效评价结果应用建议

绩效评价组通过对河北省 11 个设区市抽取的 16 个高标准农田建设项目县进行实地评价，以及审核其他 110 个项目绩效报告情况，初步掌握了河北省 2016 年度 126 个项目绩效评价工作完成情况。建议对自评工作完成好的，在下一年项目资金上给予适当倾斜；对评价中发现较大问题的项目县，建议予以警示、暂停、取消开发县资格等处罚，并责令限期整改。

绩效评价结果应当作为各县（市、区）当年考核和评先重要依据，作为项目资金分配重要依据，作为对开发县实施奖惩的重要依据。对不能按时完成绩效评价工作或绩效评价不合格的开发县，依照上级有关规定进行绩效问责。根据评价结果，提出改进资金和项目管理、提高项目运行管护质量及资金使用效益的意见和建议，作为改进项目和资金管理及项目立项决策的重要依据。

七、主要经验及做法、存在的问题和建议

（一）主要经验及做法

绩效评价小组认为，从总体上看，河北省 2016 年度实施的高标准农田建设项目无论在资金投入及使用、项目组织及管理，还是在项目实施及效果方面，都取得了较好的效果，受益对象满意度较高，项目的实施达到了预期的绩效目标。

各地市的经验及做法主要有：

1. 农户参与，倍增项目绩效

秦皇岛市昌黎县在项目建设前期，邀请以前年度项目区内的受益农户到拟新建的项目区内宣讲项目政策。宣讲内容涵盖了从路面宽度设计、路面材料选择、出水口设计、农田防护林的生态作用以及项目建成后可能带来的效益等多方面。由于农户身份的特殊性，可以迅速拉近项目与农户之间的距离，可以在短时间内打消农户对项目施工占地等问题的抵触情绪，因此，这一方法极大地提高了项目的推进效率，也最大可能降低了由于项目宣传力度不够，个别农户对栽种防护林作用认识不到位，从而毁坏防护林的现象出现。

承德市宣化县、秦皇岛市昌黎县在项目施工过程中，邀请农户代表为工程监督员，对工程进行监督，确保工程质量。例如，设计的水泥路面厚度 18cm，项目县聘请多名农户代表轮流在施工现场全程测量路面厚度，保证全施工路段无偷工减料现象。农户代表监督工程质量，不仅加快了工程进度，也保证了工程质量，提高了农户对项目的满意度。

2. 集思广益，创新工程设计

（1）创新设计设备保护等功能。秦皇岛昌黎县为了防止变电

器内的铜线被盗用，设计了外加固整体焊接框形式的变电器配套保护装置，杜绝了铜线被盗用的可能性，保证了项目投资建设设施的安全；为了方便农户随身携带灌溉用电卡，昌黎县设计了可以随身携带的钥匙扣式刷卡器，在便于携带的同时，也减少了电卡易折、易损的几率。

（2）创新设计出水口保护装置。武邑县对项目区出水口及其保护装置的工程形式进行了改进，设计了可以360度旋转的出水口保护装置，以适应不同方向地块连接灌溉软管的需要。此外，出水口保护装置的材质也由圆形混凝土管改为铁管，改善了圆形混凝土管易碎的材质缺陷。

（3）创新树种选择和栽种方式。高邑县采用品字形双排种植的方式，树木成片成林的栽种效果，在提高树木成活率增强防风固沙作用的同时，也强化了农户对林木的保护意识；霸州、丰南县选择了白蜡木，安国县选择了核桃、山楂树作为农田路边栽种树种。选用的林木树种成才后，经济价值相对较高，因此也变相增加了项目区农户的经济收入。

（4）创新管道输水设计。高邑县在机井与出水管道的连接方式上，采用单个机井与多条输水管道多方向联控的方法，在有不同出水量与出水方向要求时，农户可以根据需要自由调控，在很大程度上满足了农户多地块多角度灌溉的需求。

3. 用心选择项目区，增强示范带动效应

南和县在选择高标准农田建设项目区时，为了增强项目的示范带动效应，充分考虑土地规模化经营的发展需要，在项目区有土地流转或规模化种植和管理的大户中进行，集中采用良种示范、科学种植、机械作业、节水灌溉等综合农业措施，突出展示现代农业的生产和管理方式。这种方式在引导周边农户走现代农业发展道路方面的作用显著，对推动土地向种植大户或合作社流转、发展规模经济、建立新型农业经营主体等方面有一定的示范作用。

4. 创新管护模式，保证后期管护落实到位

项目后期管护问题是目前各地高标准农田项目建设中遇到的普遍性问题，公共投资项目重前期建设、轻后期管护是一个共性的社会问题。为了加强高标准农田建设项目的后期管护，河北省各地都在探索有效的项目管护模式。

昌黎县在项目的后续管护中，将需要管护的机井、出水口等设施分配到了村民小组，由小组内的成员按期轮流查看项目使用情况，发现问题及时联系电力、机井维修人员维修处理，维修管护费用由小组成员均摊。这样的管护方式不仅可以保证项目管护工作的效率，同时，维修费用由相应的设施使用人共同分摊（而不是将维修费用加价到电费中由全体村民承担）的方法，也维护了未使用该设施的其他村民的权益，提升了项目的管护绩效。

（二）存在问题

通过对河北省 16 个项目县高标准农田建设项目进行实地评价，绩效评价组也发现了一些需要进一步完善的问题，主要包括：

1. 项目管理方面

（1）管理人员流动性大，部分人员对项目管理政策不太熟悉。在抽查的 16 个项目县中，都普遍暴露出项目管理人员流动性大、职位变动频繁、管理高标准农田项目的人员新手较多。此外，一些项目区为贫困县的，除了项目资金被整合到扶贫工作外，部分人员也被抽去做扶贫工作，存在高标准农田项目管理人员数量不足的问题，也在一定程度上影响项目的高质量运行和管理。

（2）资料档案有待规范。部分项目财务核算存在不规范的现象，尤其是在管理费用方面，如原始凭证不合规、报账资料不齐全、遗漏签字盖章等；另外，约有 50% 的项目县在方田档案、工程图等档案资料内容上存在着错误。资料管理的规范性、准确性有待提高。

2. 项目产出方面

（1）农田林网成活率低。大部分地区没能达到 85% 成活率的

要求，部分地区由于工期延后，在错过最佳植树季节的情况下未及时申请调整或延期，为了工程完工，在不适宜植树的季节植树，导致成活率低。

（2）科技措施示范带动效果不明显。大多数县科技措施选择缺乏对该县产业发展的综合考虑，且没有连贯性，导致带动性不明显，示范推广作用一般，科技推广项目整体效果不佳。

3. 项目效果方面

（1）新增粮食及其他作物产能有待进一步提高。项目建设的水利、农业、田间道路等措施，能够使粮食及其他作物的灌溉时间和灌溉用水量得到了及时、有效的保证，在改善农业生产环境、增加粮食及其他作物产能方面能够发挥重要作用。但是在本次绩效评价时点上，大部分项目县从项目竣工到投入使用各项设施的时间还不足一个种植周期，因此本次绩效评价中，项目在改变农户种植结构、改善生态环境等方面绩效不显著，农民增收效果一般。

（2）后期管护责任落实难度较大。后期管护是确保高标准农田建设项目综合效益长期发挥的保证。现场评价的已完工项目，由农发部门与项目所在乡镇办理了资产移交，签订了管护协议，从形式上明确了项目后期管护责任和义务，但移交资产内容和价值不够清晰，管护协议较为笼统，虽然明确以乡镇为管护主体，但管护责任并未具体落实到一线，"重建设、轻管护"现象仍然存在。现场查勘发现，到田到户的沟渠、水井等由农户自发管护，公共道路、林木、桥梁等往往易于毁损。现场评价中，多数乡镇反映受自身财力所限，后续管护经费还缺乏来源。与此同时，由于项目资产和管护责任已移交，农发部门按照财政资金1%比提取的工程管护费，基本没有发生支出，资金效益难以体现。

（三）建议

针对上述问题，提出以下改进建议：

1. 完善绩效评价时点，优化评价内容

由于农业生产的周期性，水利设施的利用需要跟农业生产的季节相对应，项目建设的各项工程设施都投入使用后，再开展项目绩效评价工作，才能更好地评价项目实施后对项目区生产和生活，经济效益和社会效益的影响，得出的各项数据也才更有针对性。建议将绩效评价时间调整到工程质保期（一般1年）后进行，或者对当年项目考虑在第三年进行绩效评价。此外，建议综合地方农业生产和自然条件影响等因素，剔除一些不必要、难以量化的指标，如亩均节水量等，适当加大投入和过程的指标权重。

2. 对不低于5000亩的建设要求予以再商榷

河北省的项目建设时间开始于1999年，到目前为止，项目建设时间已经持续了近二十年，此外，水利、农业、国土等部门也在相继推进农田水利、田间道路等设施建设，因此，现在超过5000亩可以成片开发利用，并且没有其他部门参与建设过的地区存量已经不多了。建议项目管理部门在制定项目建设要求时，适当修改"单个项目区不低于5000亩"这一建设要求。

3. 引导农户参与管护设施的投标定价

对项目区的井、泵、变压器等农田水利工程管护引入了市场竞争机制，采用竞争承包方式，落实工程管护责任人，按分类工程实行统一管理和维护，这种模式下的项目工程管护制度，能将责权利有效结合。但是，在项目评价过程中发现，承包人将承包期间后续维修管护成本加价到收取的电费里，并且农户认为加价后的灌溉用电成本高，不愿意使用项目工程设施进行灌溉，进而影响了项目设施的使用，也影响了农户对项目的满意度。因此，建议在农田水利工程的后续管护中，引导农户参与电价的制定中。

4. 提前开展项目审批

按照项目批复流程和管理要求，近年来的项目都是当年批复当年开工建设，但是很多项目需第二年才能完工，其原因主要是项目单位在收到批复后，需要进行公示、招投标、签约等大量前期工作。在对张家口、承德等地区进行评价时，项目承担主体们普遍反映当地的气候特点造成了有效施工期较短，有效施工紧张的问题。建议适当提前开展项目立项审批工作，为项目单位预留出半年左右的项目前期准备时间，确保项目能当年开工建设，当年完工，当年见效。

附录 2　绩效评价调查问卷

农业综合开发高标准农田建设项目绩效评价调查问卷（农户）

项目名称：　　　　　　　　　　　　　　　　　村名

被调查者	姓名		性别		年龄	
	文化程度		电话			
	参与项目面积及种植类型	总面积　　亩，其中：玉米　　亩，水稻　　亩，小麦　　亩，　　油菜　　亩，甘蔗　　亩，薯类　　亩，豆类　　亩；蔬菜　　亩，经济林　　亩；其他　　亩。				

一、项目参与情况（请在您认同的选项打"√"）

1. 你是如何知道并参与项目的？　村干部□　会议□　邻居□　其他□

2. 项目实施前期是否参加活动：　培训□　　动员会□　　一事一议□　　否□

二、效果评价（请在您认同的选项打"√"）

1. 项目实施后，您感觉生产和运输条件是否便利？　　是□　　否□

2. 项目实施后，您感觉灌溉是否方便？　　是□　　否□　　无此类工程□

3. 项目实施后，您感觉排水是否方便？　　是□　　否□　　无此类工程□

4. 项目实施后，种植农作物种类有无变化？　有□　　无□

5. 如果种植农作物种类有变化，是什么样的变化？实施前：_____　实施后：_____

6. 项目实施后，耕地作物单产是否提高？　　是□　　否□

7. 如果单产提高，每年亩均增产量大约为：_____斤/亩

8. 项目实施后，您感觉是否节水？　　是□　　否□

9. 如果感觉节水，同一农作物，每年亩均节水量约为_____吨/亩

10. 项目实施后，您感觉农机使用是否方便：　是□　　否□

11. 您对本项目改善生产条件的效果是否满意？　满意□　一般□　不满意□

12. 您对本项目在作物增产方面是否满意？　　满意□　一般□　不满意□

13. 您对本项目在改善生态环境方面是否满意？　满意□　一般□　不满意□

14. 您对本项目的总体评价是：　　满意□　一般□　不满意□

农业综合开发高标准农田建设项目绩效评价调查问卷（乡村）

项目名称：　　　　　　　　　　　　　乡、村名

乡村干部	姓名		性别		年龄	
	职务		电话：			

一、您乡、村治理项目主要建设内容

二、产出评价

1. 高标准农田建设面积是否完成：　　　是□　否□

2. 建设内容是否符合乡、村需求：　　　是□　否□

3. 农业措施实施效果如何：　　无此类工程□　　　好□　　差□　　一般□

4. 水利措施实施效果如何：　　无此类工程□　　　好□　　差□　　一般□

5. 林业措施实施效果如何：　　无此类工程□　　　好□　　差□　　一般□

6. 科技推广实施效果如何：　　无此类工程□　　　好□　　差□　　一般□

三、效果评价

1. 您乡、村项目区农业综合生产能力是否提高？　　是□　否□

2. 您乡、村项目区农作物产量是否增产？是□　否□　平均每亩增产　　　斤

3. 您乡、村项目区灌溉用水量是否减少？是□　否□　平均每亩减少　　　吨

4. 您乡、村项目区直接受益农户　　户，人数　　人；占全乡村农户数　　%、人数　　%

5. 您乡、村项目区农民的种植结构调整是否明显：　　　是□　否□

6. 您乡、村项目土地流转是否增加：　　是□　否□

7. 如果土地流转增加，大概增加_____亩

8. 您乡、村项目农民收入是否增加：　　是□　否□

9. 如果增收，大概每年人均增收_____元

9. 您对本项目的总体评价是：　　满意□　一般□　　不满意□

10. 项目存在的问题与建议：

农业综合开发高标准农田建设项目绩效评价调查问卷（农户汇总）

项目名称：

被调查者	调查村组		个	调查人数			性别	男：　人、女：　人
	涉及项目面积及种植类型		总面积经济作物	亩，其中：粮食作物亩；其他			亩，亩。	

1. 项目实施后，感觉生产和运输条件是否便利？是（　人）　否（　人）

2. 项目实施后，感觉灌溉是否方便？　　　　　　　是（　人）　　否（　人）

3. 项目实施后，感觉排水是否方便？　　　　　　　是（　人）　　否（　人）

4. 项目实施后，种植农作物种类有无变化？　　　　有（　人）　　无（　人）

5. 项目实施后，耕地作物单产是否提高？　　　　　是（　人）　　否（　人）

6. 项目实施后，感觉是否节水？　　　　　　　　　是（　人）　　否（　人）

7. 项目实施后，感觉农机使用是否方便：　　　　　是（　人）　　否（　人）

8. 对本项目改善生产条件的效果是否满意？　　满意（　人）　　一般（　人）
　　　　　　　　　　　　　　　　　　　　　　不满意（　人）

9. 对本项目在作物增产方面是否满意？　　　　满意（　人）　　一般（　人）
　　　　　　　　　　　　　　　　　　　　　　不满意（　人）

10. 对本项目在改善生态环境方面是否满意？　　满意（　人）　　一般（　人）
　　　　　　　　　　　　　　　　　　　　　　不满意（　人）

11. 对本项目的总体评价是：　满意（　人）　一般（　人）　不满意（　人）

参考文献

［1］曹俊勇，张乐柱．财政支农资金效率评价的实证分析［J］．财会月刊，2017（6）：108－112.

［2］曹雪峰．农业综合开发资金管理模式分析［D］．北京：中国农业大学，2004.

［3］陈建设，王晓东等．国外项目后评价研究进展及其对我国土地整理项目后评价的启示［J］．国土资源科技管理，2008（4）：34－36.

［4］崔元锋，严立冬．基于DEA的财政农业支出资金绩效评价［J］．农业经济问题，2006（9）：37－40.

［5］邓基科，王建威，王涛．浅谈农业综合开发土地治理项目支出绩效评价［J］．农村财政与财务，2010（5）：25－27.

［6］杜鹃．基于DEA模型的我国农业科技创新投入产出分析［J］．科技进步与对策，2013（8）：82－84.

［7］樊继红，郭东清，贾利等．农业综合开发投资绩效评价初探［J］．农业经济问题，2006（5）：55－57.

［8］冯梅．湖北省农业综合开发投资绩效研究［D］．湖北：华中农业大学，2007.

［9］伏润民，常斌，缪小林．我国省对县（市）一般性转移支付的绩效评价——基于DEA二次相对效益模型的研究［J］．经济研究，2008（11）：62－72.

［10］葛霖．重庆市农村土地综合整治效益评价及其影响因素研究［D］．重庆：西南大学，2013.

［11］郭亚军，张晓红．基于数据包络分析（DEA）的河北省农业生产效率综合评价［J］．农业现代化研究，2011（6）：

735 – 739.

[12] 国土资源部. TD/T 1003—2012, 高标准基本农田建设标准 [S]. 北京: 中国标准出版社, 2012: 3.

[13] 韩林. 我国财政农业支出结构优化研究 [J]. 求索, 2009 (7): 25 – 27.

[14] 侯英华. 农业综合开发土地治理项目评估研究 [D]. 长春: 吉林大学, 2007.

[15] 黄非. 农业综合开发投资及绩效研究——基于公共财政框架的分析与江苏的实证 [D]. 南京: 南京农业大学, 2006.

[16] 黄小舟, 王红玲. 从农民增收的角度看我国财政支农资金绩效 [J]. 中央财经大学学报, 2005 (1): 10 – 13.

[17] 贾晓松, 边秀端, 路文杰. 河北省财政农业支持及其效率机制研究 [J]. 经济与管理, 2004 (7): 8 – 10.

[18] 李焕彰, 钱忠好. 财政支农政策与中国农业增长: 因果与结构分析 [J]. 中国农村经济, 2004 (8): 38 – 43.

[19] 李克建, 董黎明. 基于三阶段 DEA 模型财政支农效率的研究——以安徽省为例 [J]. 重庆科技学院学报 (社会科学版), 2018 (1): 32 – 36.

[20] 李少帅, 郧文聚. 高标准基本农田建设存在的问题及对策 [J]. 资源与产业, 2012, 14 (3): 189 – 193.

[21] 李树培, 魏下海. 改革开放以来我国财政支农政策的演变与效率研究 [J]. 经济评论, 2009 (4): 13 – 17.

[22] 李祥云, 陈建伟. 我国财政农业支出的规模结构与绩效评估 [J]. 农业经济问题, 2010 (8): 20 – 25.

[23] 李子奈, 叶阿忠. 高等计量经济学 [M]. 北京: 清华大学出版社, 2000: 51 – 78.

[24] 林江鹏, 樊小璞. 我国财政农业投入产出效率研究——以农业综合开发中的土地治理项目为例 [J]. 经济学家, 2009 (8): 31 – 36.

[25] 林亚括. 我国财政支农支出的效果分析及政策建议 [D]. 厦门：厦门大学，2009.

[26] 刘丙申. 转型时期我国农业综合开发投资机制研究——以河北省衡水市农业综合开发项目实施为例 [D]. 北京：清华大学，2004.

[27] 刘荣志，黄圣男，李厥桐. 中国耕地质量保护及污染防治问题探讨 [J]. 中国农学通报，2014，30（29）：161 – 167.

[28] 刘新卫，李景瑜，赵崔莉. 建设 4 亿亩高标准基本农田的思考与建议 [J]. 中国人口资源与环境，2012，22（3）：1 – 5.

[29] 卢心海，谷晓坤，李睿璞. 土地整理 [M]. 上海：复旦大学出版社，2011.

[30] 栾海波. 农业综合开发产业化经营项目效果评价研究 [D]. 北京：中国农业科学院，2009.

[31] 齐飞，朱明等. 农业工程与中国农业现代化相互关系分析 [J]. 农业工程学报，2015（1）：1 – 9.

[32] 沈明，陈飞香，苏少青等. 省级高标准基本农田建设重点区域划定方法研究——基于广东省的实证分析 [J]. 中国土地科学，2012，26（7）：28 – 33，90；F0003.

[33] 沈淑霞. 我国财政农业支持及其效率研究 [M]. 北京：中国农业出版，2007：38.

[34] 唐娟莉，倪永良. 中国省际农田水利设施供给效率分析——基于三阶段 DEA 模型的检验 [J]. 农林经济管理学报，2018（1）：23 – 35.

[35] 唐秀美，潘瑜春，刘玉等. 基于四象限法的县域高标准基本农田建设布局与模式 [J]. 农业工程学报，2014，30（13）：238 – 246.

[36] 田祥宇，孔荣. 农业综合开发产业化经营项目投资绩效分析——基于资金拉动效应的视角 [J]. 西北农林科技大学学报（社会科学版），2010（3）：28 – 31.

[37] 王丹. 农业综合开发财政问题研究 [D]. 大连：东北财经大学，2005.

[38] 王建国. 农业综合开发二十年发展历程回顾 [C]. 中国"三农"问题研究与探索：全国财政支农优秀论文选，2008：14－20.

[39] 王棵，于苏俊. 基于DEA的农业循环经济相对有效性评价——以四川省为例 [J]. 安徽农业科学，2008 (13)：5633－5635.

[40] 王文超. 高标准基本农田规划研究——以浙江省桐乡市为例 [D]. 杭州：浙江大学，2013.

[41] 吴年新. 长沙县高标准基本农田建设标准与模式研究 [D]. 南昌：江西农业大学，2014.

[42] 西奥多·W·舒尔茨著（郭熙保，周开年译），经济增长与农业 [M]. 北京：北京经济学院出版社，1991.

[43] 邢珺，杜本. 农业综合开发产业化经营项目投资绩效分析——基于农业GDP贡献的视角 [J]. 会计之友，2010 (9)：59－61.

[44] 杨国梁. DEA模型与规模收益研究综述 [J]. 中国管理科学，2015 (1) 1：64－71.

[45] 杨小静. 河北省财政农业支出政策效应研究 [D]. 保定：河北农业大学，2010.

[46] 叶文辉，郭唐兵. 我国农田水利运营效率的实证研究——基于2003～2010年省际面板数据的DEA－TOBIT两阶段法 [J]. 山西财经大学学报，2014 (2)：63－71.

[47] 易丹辉. 数据分析与EVIEWS应用 [M]. 北京：中国人民大学出版社，2008：215.

[48] 张合林. 美国农地资源保护机制及对我国的借鉴与启示 [J]. 资源导刊·地球科技版，2014 (6)：78－80.

[49] 张甲东，马惠兰. 中国财政支农投入对农业产出增长影

响的研究［J］. 经济研究导刊，2009（1）：11 – 12.

［50］张晓峒. 应用数量经济学［M］. 北京：机械工业出版社，2009：359.

［51］张岩松，朱山涛. 财政支持农田水利建设政策取向的几点思考［J］. 财政研究，2013（3）：36 – 40.

［52］赵卉. 关于天津市高标准基本农田建设的思考［J］. 房地产导刊，2014（8）：38 – 43.

［53］郑洁，冯彦，戴永务. 基于三阶段 DEA 模型的内蒙古国有林场绩效评价研究［J］. 林业经济问题，2017，37（3）：23 – 29.

［54］中华人民共和国财政部. 财政部关于印发《农业综合开发资金若干投入比例的规定》的通知［J］. 中国对外经济贸易文告，2009：12 – 14.

［55］钟文明. 财政支农投资与农业经济增长关系的实证研究［J］. 安徽农业科学，2008（6）：2557 – 2559.

［56］周婷. 高标准基本农土地综合整治项目效益评价研究［D］. 长沙：长沙理工大学，2013.

［57］Ayanwale A. Local Government Investments in Agriculture and Rural Development in Osun State of Nigeria［J］. J. Soc. Sci, 2004, 9 (2): 85 – 90.

［58］Brown K. H. , Bach E M, Drijber R A, et al. A long-term nitrogen fertilizer gradient has little effect on soil organic matter in a high-intensity maize production system［J］. Global Change Biology, 2014, 20 (4): 1339 – 1350.

［59］Iain J. Gordon. Linking land to ocean: feedbacks in the management of social ecological systems in the Great Barrier Reef catchments［J］. Hydrobiologia, 2007, 591: 25 – 33.

［60］Steven R. , Kreklow John, Ruggin I. GFOA and the Evolution of Performance Measurement in Government［J］. Government

Finance Review, 2005, 21 (5): 78 – 86.

[61] Wang Q. , Hai J. B. , Yue Z. N. , et al. Effects of chemical fertilizer reduction on soil microbiological and microbial biomass in wheat field [J]. Journal of Triticeae Crops, 2012, 32 (3) : 484 – 487.

后　记

　　以本书三位作者为核心的研究团队多年来一直致力于河北省农业综合开发高标准农田建设项目绩效评价的实践探索和理论创新，并形成了一系列的研究成果，本书是对这些研究成果的梳理和总结。

　　尉京红教授是河北农业大学财政支农绩效评价研究团队的学术带头人，从事财政支农资金绩效评价研究工作多年，理论和实践经验丰富，对本书的研究思路和框架设计倾注了大量的心血。张柽楠同学在攻读硕士学位期间主要的研究方向是基于多投入多产出角度的高标准农田建设项目绩效评价，对本书的第 6 章作出了重要贡献。管琴琴同学在攻读硕士学位期间参与了由河北省农业综合开发办公室委托的河北省高标准农田中期评估项目，并对此次项目所搜集的数据进行了整理和分析，她的工作对本书第 3 章的内容起到了很大的支撑作用。在此，对尉京红教授的指导和张柽楠、管琴琴同学的付出表示衷心的感谢。

　　受河北省农业综合开发办公室的委托，本研究团队参与了2014～2016 年度的河北省高标准农田建设项目绩效评价工作，为团队开展相关研究提供了很好的实践机会。在工作过程中收集了大量的一手数据，为本书成稿奠定了坚实的基础。在此，对河北省农业综合开发办公室的帮助表示衷心感谢。

　　本书为作者 2014 年承担的河北省社会科学基金项目（项目编号：HB14GL038）以及河北省高等学校青年拔尖人才计划项目（项目编号：BJ2017066）成果，感谢上述项目的支持。

　　感谢研究团队的郭丽华教授、李名威副教授、戴芳副教授以及刘宇、吴海平博士等在资料搜集整理和书稿写作过程中给予的极大帮助与指导。

作为河北农业大学农林经济管理学科论著的组成部分之一，本书得到了商学院农林经济管理学科点的资助和支持，在此表示衷心感谢。

随着乡村振兴战略的实施，财政支农资金项目绩效评价的实践探索和理论创新将会更加深入，希望本书能够为读者提供一定的借鉴和帮助。鉴于作者水平有限，文中不当之处敬请批评指正。

2018 年 11 月